FORSCHUNGSBERICHT DES LANDES NORDRHEIN-WESTFALEN

Nr. 2996 / Fachgruppe Umwelt/Verkehr

Herausgegeben vom Minister für Wissenschaft und Forschung

Priv.-Doz. Dr.-Ing. Friedrich Hermann Franke
Dipl.-Ing. Uwe Krieger
Dr.-Ing. Mehrdad Mohtadi

Institut für Eisenhüttenkunde
der Rhein.-Westf. Techn. Hochschule Aachen

Abwasserreinigung durch Adsorptionskoks aus Braunkohle

Westdeutscher Verlag 1980

CIP-Kurztitelaufnahme der Deutschen Bibliothek
Franke, Friedrich Hermann:
Abwasserreinigung durch Adsorptionskoks aus Braunkohle / Friedrich Hermann Franke ; Uwe Krieger ; Mehrdad Mohtadi. - Opladen : Westdeutscher Verlag, 1980.

(Forschungsberichte des Landes Nordrhein-Westfalen ; Nr. 2996 : Fachgruppe Umwelt, Verkehr)

ISBN 978-3-531-02996-2 ISBN 978-3-322-88453-4 (eBook)
DOI 10.1007/978-3-322-88453-4

NE: Krieger, Uwe:; Mohtadi, Mehrdad:

Gesamtherstellung: Westdeutscher Verlag

Inhalt

o. Zusammenfassung

Ziel der Arbeit war, einen Braunkohlenmassenkoks auf seine Adsorptionsfähigkeit für eine weitergehende Abwasserreinigung zu prüfen, wobei besonders Gewicht auf die Entfernung schwer abbaubarer, organischer Substanzen gelegt werden sollte.

Zu diesem Zweck wurde eine halbtechnische Versuchsanlage am Ablauf einer mechanisch-biologischen Kläranlage aufgestellt. Diese bestand aus drei in Reihe geschalteten Säulen, die von oben nach unten durchströmt wurden und einen Durchmesser von o,19 m sowie je eine Höhe von 2 m hatten. Das eigentliche Festbett ergab eine Schütthöhe von o,95 m. Eingesetzt wurde Herdofenkoks mit einer Körnung zwischen o,5 und 3 mm sowie einer spezifischen Oberfläche von 24o m^2/g. Der Durchsatz betrug durchschnittlich 75 l/h, was eine Kontaktzeit von 22 Minuten je Säule ergab.

Die im Ablauf der Kläranlage verbliebenen Suspensionen führten innerhalb kurzer Zeit zu hohen Druckverlusten, so daß der erste Filter täglich mit Luft und Wasser rückgespült werden mußte.

Insgesamt wurden ein Tastversuch sowie zwei Langzeitversuche von 27oo und 18oo Stunden Dauer durchgeführt. Die Reinigungsleistung wurde anhand der CSB, TOC und BSB_5-Zu- und Ablaufwerte kontrolliert. Mit Hilfe dieser Ergebnisse wurde die Abhängigkeit der Schadstoffreduzierung vom Durchsatz sowie die Beladung der einzelnen Filter bestimmt. Dabei zeigen Reinigungsleistung und Beladung eine starke Abhängigkeit von der Zulaufkonzentration.

Zu Beginn der Versuche wurden CSB- und TOC-Reduzierungen von über 6o % und BSB_5-Reduzierungen von über 8o % erzielt. Gegen Ende der Versuche konnten konstante Reinigungsleistungen von ca. 25 % für CSB und TOC sowie 7o % für BSB_5 gemessen werden.

Dies ist auf biologischen Abbau organischer Substanzen sowie auf mechanische Filtration in den Filtern zurückzuführen.

Am Ende der beiden Langzeitversuche wurden CSB-Beladungen von 5oo mg/g (Versuch A) und 11o mg/g (Versuch B) im ersten Filter sowie 8o mg/g (Versuch A) und 6o mg/g (Versuch B) im zweiten Filter erzielt.

Weiterhin wurden einige Male stichprobenartig Trockensubstanz und Trübung bestimmt.

Aus den Versuchsergebnissen wurde der mögliche spezifische Durchsatz in Abhängigkeit von der Kontaktzeit und der mittleren, integralen Reinigungsleistung bestimmt und der Verlauf der Kurven aus dem unterschiedlichen Einfluß von Adsorption und Biologie erklärt.

Weiterhin wurden die spezifischen Reinigungskosten für Braunkohlenkoks sowie Aktivkohle mit und ohne Regenerierung für verschiedene CSB-Beladungen bestimmt. Dabei wurde von einer CSB-Reduzierung von 4o %, einer Zulaufkonzentration von 65 mg/l CSB und einem Durchsatz von 2oooo m^3/d ausgegangen. Es ergaben sich für Braunkohlenkoks bei einer Beladung von 75 mg/g CSB spezifische Reinigungskosten von o,16 DM/m^3 (11,6 DM/E·a) und für Aktivkohle mit Regenerierung bei einer Beladung von 6oo mg/g CSB spezifische Reinigungskosten von o,19 DM/m^3 (13,8 DM/E·a). Die eingesparten Kosten in Bezug auf das Abwasserabgabegesetz sind jedoch wesentlich geringer.

1. Einleitung und Ziel der Arbeit

Der wachsende Wohlstand in den Industrieländern hat in den letzten Jahrzehnten zu einem starken Anstieg des Abwasseranfalls geführt. So konnten selbst große Investitionen im Bereich der kommunalen und industriellen Abwasserreinigung eine übermäßige Belastung der Vorfluter nicht verhindern.

Auf der anderen Seite sind die Wasserwerke gezwungen, aufgrund des ständig steigenden Trinkwasserbedarfs und der begrenzten Grundwasservorräte immer mehr Oberflächenwasser (Flußwasser, Uferfiltrat, angereichertes Grundwasser) zu verarbeiten. Dies führt zu technisch immer aufwendigeren und teureren Aufbereitungsanlagen.

Ein besonderes Problem bilden die auch durch eine vollbiologische Kläranlage nicht eleminierbaren, schwer abbaubaren, refraktären Verbindungen, die sich in Oberflächengewässern anreichern und zu gesundheitlichen Gefährdungen führen können.

Diese Tatsachen führten Ende der sechziger Jahre zuerst in den Vereinigten Staaten, später auch in Europa zu der Forderung nach dem Einsatz neuer über das bekannte Verfahren der mechanisch-biologischen Abwasserreinigung hinausgehender Technologien. Zu den wichtigsten, meist chemisch-physikalischen Verfahren zählen folgende Prozesse:

chemische Klärung
Koagulation
Flockung
Sedimentation
Stickstoffentfernung
Desinfektion
Filtration
Adsorption

Dabei hat sich die Adsorption an Aktivkohle als eines der bedeutendsten und umfassendsten Verfahren herausgestellt. Aktivkohle ist in der Lage, den größten Teil der im mechanisch-biologisch gereinigtem Abwasser befindlichen organischen, auch schwer abbaubaren, sowie einige anorganische Substanzen zu entfernen.

Aber Aktivkohle ist ein sehr teurer Einsatzstoff (ungefähr 2000 bis 3000 DM/t). Ihr Einsatz ist nur möglich, wenn sie nach vollständiger Beladung thermisch regeneriert und einem neuen Einsatz zugeführt werden kann. Entsprechende Anlagen erfordern hohe Investitions- und Betriebskosten.
In den letzten Jahren an den Instituten für Eisenhüttenkunde und Siedlungswasserwirtschaft der RWTH Aachen durchgeführte Versuche und Überlegungen haben gezeigt, daß der Einsatz eines Braunkohlenkokses zur weitergehenden Abwasserreinigung möglich ist[1,2,3]. Braunkohlenkoks ist ein Massenprodukt (ungefähr 200 DM/t), so daß eine Regenerierung nicht unbedingt nötig ist. Der verbrauchte Koks kann direkt einer thermischen Nutzung zugeführt werden.
Der Einsatz eines Braunkohlenkokses zur Reinigung von mechanisch-biologisch gereinigtem, kommunalem Abwasser wurde bisher anhand grundlegender Versuche erörtert[1]. Zum einen wurden Rührversuche zur Aufnahme von Adsorptionsisothermen durchgeführt, zum anderen Laboranlagen mit durchschnittlichen Durchsätzen von 3 l/h und maximalen Laufzeiten von 150 h betrieben. Mit dieser Arbeit sollen Ergebnisse und Erfahrungen mit einer halbtechnischen Anlage gewonnen werden. Insbesondere sollen Reinigungsleistung und Koksbeladung unter praxisnahen Bedingungen über einen längeren Zeitraum kontrolliert werden. Weiterhin ist es das Ziel, aufgrund dieser Ergebnisse eine Kostenrechnung über den Einsatz von Braunkohlenkoks zur weitergehenden Abwasserreinigung aufzustellen.

2. Bisherige Anlagen und Untersuchungen zur weitergehenden Reinigung von kommunalem Abwasser mit Aktivkohlegranulat aus der Literatur

Der Einsatz von Aktivkohle zur weitergehenden Reinigung von kommunalem Abwasser erfolgt heutzutage nach zwei verschiedenen Verfahren.

Zum einen kann die Adsorption an Aktivkohle Teil eines physikalisch-chemischen Gesamtprozesses sein, der die Rolle der konventionellen, mechanisch-biologischen Abwasserreinigung übernimmt (PCT-Physical-Chemical-Treatment). Weitere wichtige Verfahrensschritte können dabei Flockung, Fällung und Filtration sein. Aus der Literatur bekannte groß- und halbtechnische PCT-Anlagen sind in Tabelle 1 aufgelistet, wobei hinzuzufügen ist, daß die ersten Anlagen Mitte der siebziger Jahre in Betrieb genommen wurden.

Größere Bedeutung jedoch hat die Adsorption an Aktivkohle als "Weitergehende Abwasserreinigung" im Anschluß an eine biologische Stufe (AWT-Advanced Wastewater Treatment). Die im Moment in Betrieb befindlichen großtechnischen AWT-Anlagen sind in Tabelle 2 dargestellt. Die Aufstellung zeigt, daß über eine Million m^3 Abwasser pro Tag mit Aktivkohle als dritter Reinigungsstufe behandelt werden. Die älteste und bekannteste großtechnische Adsorptionsfilteranlage dieses Typs steht in South Lake Tahoe. Sie wurde Mitte der sechziger Jahre in Betrieb genommen, um die besonderen Anforderungen in Bezug auf die Reinhaltung eines Gewässers (Lake Tahoe) erfüllen zu können. Einen anderen Grund hatte die Anlage in Windhoek, Südafrika; Wassermangel erforderte die direkte Aufbereitung von Abwasser zu Trinkwasser. Für diesen Prozess ist die Adsorption an Aktivkohle ein wichtiger Teilschritt.

Die Auslegung von großtechnischen Adsorptionsfilteranlagen muß vorher mit Hilfe von Pilotanlagen überprüft werden, da unterschiedliche Abwasserverhältnisse und das geringe theoretische Wissen über die Adsorption von Vielstoffgemischen dies erfordert. Einige halbtechnische Anlagen sind in Tabelle 3 dargestellt. Mit aufgeführt sind zwei Anlagen aus Europa, Zürich und Stuttgart, die nur wissenschaftlichen Zwecken dienten,

Tab. 1: Groß- und halbtechnische, chemisch-physikalische Anlagen zur Abwasserreinigung (PCT-Plants)

Anlage	Literatur
Rocky River (Ohio)	4, 1o, 11, 14
Ewing Lawrence (Trenton, New Jersey)	4, 12, 13, 14, 23
Z-11-Pilot Plant (New Rochelle, New York)	4, 14, 24
Cleveland (Ohio)	4, 14
Blue Plains (D.C.)	4, 14, 25
Salt Lake City (Utah)	4
Washington (D.C.)	14

Tab. 2: Großtechnische Anlagen mit Aktivkohleadsortion als weitergehender Reinigungsstufe (AWT-Plants)

Anlage	mittl. Anlagen-kapazität 1ooo m^3/d	Betriebsweise	Literatur
South Lake Tahoe (Californien	28,4	aufwärts, Festbett	4,5,9,14,15, 16,17,3o
Windhoek (Südafrika)	4,9	abwärts, Druck	4,5,14,18, 19,32
Orange County (Californien)	56,8	aufwärts, Festbett	4,5,14,21,22
Colorado Springs (Colorado)	11,4	abwärts	4,5,14,2o
Piscataway (Maryland)	18,9	abwärts, Druck	4,5,14,31
Arlington (Virginia)	113,6	abwärts, Schwerkraft	5
Dallas (Texas)	378,5	aufwärts, Festbett	5
Fairfax County (Virginia)	136,3	abwärts, Schwerkraft	5
Los Angeles (Californien)	18,9	abwärts, Schwerkraft	5
Montgomery County (Maryland)	227,1	aufwärts, Festbett	5
Occoquan (Virginia)	68,1	aufwärts, Festbett	5
St. Charles (Missouri)	2o,8	abwärts, Schwerkraft	5

Tab. 3: Halbtechnische Versuchsanlagen zur Behandlung von mech.-biol. gereinigtem Abwasser mit Aktivkohle

Anlage	Anzahl der Säulen in Serie	Betriebsweise	Durchsatz m^3/d	Säulendurchmesser m	Filtergeschwindigkeit m/h	ges.Kontaktzeit min.	Literatur
Pomona (Californien)	4	abwärts, Druck	1o8o	1,83	17,1	4o	4,6,27
Toronto (Kanada)	4	abwärts	48,7	o,46	12,2	29	7
Orange County (Californien)	2	abwärts	36,5	o,51	7,6	3o	4,14,21,22,28
Los Angeles (Californien)	1 oder 2	unterschiedlich	34,4 -136,8	o,61	4,9-19,5	5o	4,29
Pleasant Hills (Pittsburgh)	4	abwärts	o,46 oder 1,19	o,o51	9,7 oder 24,4	38 oder 15	8
Zürich (Schweiz	1 oder 3	abwärts			5-1o-2o	12 oder 24	26
Stuttgart (BRD)	1	abwärts	o,24 -1,62	o,1o	1,3-8,6	5,3-3o,5	5

ohne daß an einen großtechnischen Ausbau gedacht wurde. Die wichtigsten Auslegungsdaten sind in Tabelle 3 mit aufgeführt. So liegen die Durchmesser der Säulen zwischen 1,83 m und o,o51 m. Untersucht wurden Filtergeschwindigkeiten von 1,3 m/h bis 2o m/h und es ergaben sich Kontaktzeiten zwischen 5,3 min und 5o min.

Ein Vergleich zwischen den Ergebnissen dieser sowie anderer Anlagen in Bezug auf Reinigungsleistung und Beladung der Aktivkohlen ist nicht möglich, da die eingesetzten Abwässer trotz eventuell gleicher CSB, TOC und BSB_5-Werte zu unterschiedlich sind. Es ist jedoch zusammenfassend zu sagen, daß Reinigungsleistungen bis zu 7o % CSB bezogen auf den Eingangswert möglich sind und die maximale Beladung zwischen 3oo mg CSB/g und 8oo mg CSB/g Aktivkohle liegt.

3. Eigene Untersuchungen zur weitergehenden Reinigung von kommunalem Abwasser an Braunkohlenkoks

3.1. Versuchsanlage

Die Versuchsanlage wurde am Ablauf der Nachklärung der kommunalen Kläranlage Aachen-Soers aufgebaut; sie ist in Abbildung 1 schematisch dargestellt.

Die Adsorptionsfilteranlage besteht grundsätzlich aus drei in Reihe geschalteten Säulen, die von oben nach unten durchströmt werden. Das Abwasser konnte mit Hilfe einer Tauchpumpe und einer zusätzlichen Kreiselpumpe, die über einen Transformator zu regeln war, in die Anlage gepumpt werden. Der Durchsatz wurde über den Wasserzähler W erfaßt und kontrolliert.

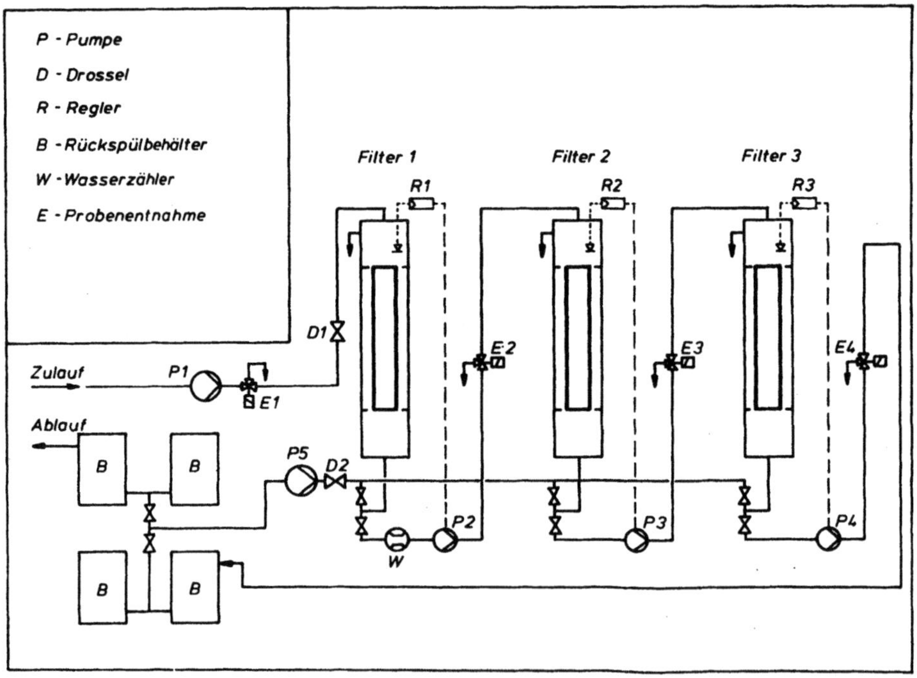

Abb. 1: Schema der Versuchsanlage

Um einen gleichmäßigen Durchsatz durch die Anlage zu erreichen, mußte der Wasserstand in den Koksfiltern konstant gehalten werden. Hinzu kam, daß ein Trocken- oder Überlaufen der Säulen verhindert werden mußte. Dies wurde durch ein Regelsystem (R) erreicht, indem der sich verändernde Wasserstand gemessen und in eine sich verändernde Betriebsspannung der am Ablauf der einzelnen Säulen angeschlossenen Kreiselpumpen gewandelt wurde. Ein Ansteigen des Wasserspiegels führte zu einer Erhöhung, ein Absinken zu einer Erniedrigung der Betriebsspannung und somit der Drehzahl und des Durchsatzes.

Jede der insgesamt eingesetzten drei Säulen hatte einen inneren Durchmesser von o,19 m und eine Höhe von 2 m. Während der zwei Langzeitversuche hatte jeder Filter eine Koksfüllung von 15 kg, was im eingerüttelten Zustand eine Schütthöhe von o,95 m ergab. Um auch für die unteren Koksschichten eine gleichmäßige Durchströmung zu gewährleisten, folgte auf dem Säulenboden zunächst eine Stützschicht aus Steinen von durchschnittlich 5 cm. Der eingebaute Überlauf hatte die Funktion bei der Rückspülung des Kokses das Spülwasser abzuleiten.

Das zur Rückspülung benötigte Wasser wurde dem Ablauf des dritten Filters entnommen und in den Behältern B gesammelt (Gesamtinhalt 2oo l). Von dort konnte es mit Hilfe der Pumpe P von unten nach oben durch die Schüttungen gepumpt werden.

Proben konnten im Zulauf (E1) und nach jeder im Betrieb befindlichen Säule (E2, E3, E4) entnommen werden.

3.2. Abwasser und Analysen

Der Versuch wurde durchgeführt mit Wasser aus dem Ablauf der mechnisch-biologischen, kommunalen Kläranlage Aachen-Soers. Das hier vorliegende häusliche Abwasser, gemischt mit Anteilen gewerblichen Abwassers, unterliegt in Menge und Verschmutzung zum einen den bekannten periodischen Schwankungen während eines Tages[33]. Zum anderen zeigen die Zulaufkonzentrationen der Versuchsanlage (Abb. 2, Abb. 3) relativ starke Veränderungen der Konzentrationen an organischen Substanzen im Ablauf der Kläranlage während der Versuchszeit. Dies ist sowohl auf Schwierigkeiten beim Betrieb der biologischen Stufe, schlechte hydraulische Wirkung der Nachklärbecken, als auch auf den Einfluß äußerer Faktoren wie z.B. Regenwasseranfall zurückzuführen.

Die bei den Zu- und Ablauf-Konzentrationen sowie bei den Reduzierungen sich ergebenden Kurven-Fehlstücke sind auf die Nicht-Berücksichtigung von Ergebnissen zurückzuführen, die durch offensichtliche Fehler bei der Probennahme wie bei der Analyse verfälscht wurden.
Der organische Anteil im Abwasser einer mechanisch-biologischen Kläranlage ist eine heterogene Mischung einer Vielzahl von Komponenten. In der Vergangenheit wurden einige Versuche unternommen, das Abwasser auf bestimmte Stoffgruppen hin zu analysieren. Tab. 4 zeigt die Ergebnisse, die an fünf amerikanischen Kläranlagen gemessen wurden[34].

Tab. 4: Organische Gruppen im Ablauf mech.-biol. Kläranlagen (nach Bunch et all[34])

Organische Gruppen	% des gesamten CSB
Äther extrahierbar	1o
Proteine	1o
Kohlehydrate, Polysaccaride	5
Tannine, Lignine	5
Anionische Detergentien	1o
Unbekannt	65

Eine neuere Studie[35] zeigt, daß die Zusammensetzung des Abwassers weitgehend unabhängig ist von der Art der biologischen Behandlung (Tab. 5)

Tab. 5: Organische Gruppen im Ablauf mech.-biol. Kläranlagen (nach Manka et all[35])

Organische Gruppen	% des gesamten CSB		
	Hochbelasteter Tropfkörper	Stabilisierungs Becken	Belüfteter Belebtschlamm
Äther extr.	13,4	11,9	16,3
Proteine	21,6	21,1	23,1
Kohlehydrate	5,9	7,8	4,6
Tannine, Lignine	1,3	2,1	1,o
Anionische Deterg.	16,6	12,2	16,o
Humin - Säuren	12,5	14,7	6,1

Die meisten dieser organischen Substanzen sind gut adsorbierbar. Helfgott T. et all[36] fanden jedoch heraus, daß eine biologische Abwasserreinigung den Rahmen der nicht adsorbierbaren Verbindungen erweitert. Dies soll größtenteils auf Proteinzwischenprodukte, die aus den Zellwänden der Mikroorganismen stammen, zurückzuführen sein.

Wie die Tabellen 4 und 5 zeigen, ist die Bestimmung der Verschmutzung eines Abwassers über die Analyse einzelner Substanzen nicht möglich. Deshalb wurden die drei folgenden Summenkonzentrationen für eine kontinuierliche Überwachung der Adsorptionsfilteranlage herangezogen

CSB- Chemischer Sauerstoffbedarf
TOC- Totaler organischer Kohlenstoff
BSB_5-Biochemischer Sauerstoffbedarf

Außerdem wurden einige Male stichprobenartig Trübung und Trockensubstanz bestimmt.

Durchgeführt wurden die Analysen im Labor des Institutes für Siedlungswasserwirtschaft an der RWTH Aachen.

3.3. Einsatzkoks

Als Adsorbens wurde ein bereits in früheren Untersuchungen[1] verwendeter Herdofenkoks aus dem rheinischen Braunkohlenrevier eingesetzt. Er hat eine spezifische Oberfläche von 24o m^2/g, womit er unter den an Aktivkohle ermittelten Werten von 5oo - 13oo m^2/g liegt. Bei einer anderen wichtigen Kenngröße, dem Porenvolumen, weist der Herdofenkoks wesentlich günstigere Werte auf; besonders fällt ein relativ großes Makroporenvolumen auf, das unter Annahme eines Zusammenhanges zwischen Porenvolumen und maximaler Beladung relativ hohe Adsorptionskapazitäten erwarten läßt.

Die Körnung des Kokses lag zwischen o,5 und 3 mm. Diese Größenordnung hat sich in vielen Versuchen für Festbettadsorber als günstig herausgestellt[4,3o,5]. Zum einen wird der mit abnehmendem Korndurchmesser verbesserten Adsorptionskinetik, zum anderen dem damit gleichzeitig stark ansteigenden Druckverlust Rechnung getragen.

Aus der Kokseinwaage pro Säule und der Höhe des Festbettes im eingerüttelten Zustand ließ sich eine Schüttdichte von o,56 g/cm^3 ermitteln. Frühere Untersuchungen[1] hatten eine wahre Dichte von 1,33 g/cm^3 und eine scheinbare Dichte von o,83 g/cm^3 ergeben.

Vor Beginn der jeweiligen Versuche wurde der frische Koks mit Trinkwasser gespült,zum einen um eine größtmögliche Benetzung der Oberfläche zu erzielen, zum anderen um organische Bestandteile aus der Kohle zu lösen[1,37].

3.4. Versuchsdurchführung

Im Rahmen des Projektes wurden ein Tastversuch und zwei Langzeitversuche durchgeführt.

Der Tastversuch hatte zum einen das Ziel die Anlage und die Probleme bei der Versuchsdurchführung kennenzulernen, zum anderen Versuchsbedingungen für den Langzeitversuch - z. B. Rückspülintervalle, Art der Probennahme - festzulegen. Zu diesem Zweck wurden zwei Filter mit einer Füllung von je 15 kg Herdofenkoks in Reihe geschaltet. Die reine Laufzeit des Tastversuches betrug 187 Stunden. Während dieser Zeit wurden 15 m^3 Abwasser durchgesetzt, was einem mittleren Durchsatz von 8o l/h entsprach.

Aufbauend auf den hier gewonnenen Erfahrungen ergaben sich für die beiden Langzeitversuche A und B die in der Tabelle 6 dargestellten Versuchsbedingungen.

Die im Ablauf der Nachklärung vorhandenen Suspensionen wurden im ersten Koksfilter weitgehend entfernt. Dies führte in kurzer Zeit zu hohen Druckverlusten im Filterbett, die ein Rückspülen erforderlich machten. So wurde der erste Koksfilter täglich, der zweite und dritte Koksfilter erst bei Erreichen des maximal möglichen Druckverlustes - dies war im allgeneinen erst nach mehreren hundert Betriebsstunden der Fall - gespült. Im Laufe der Versuche hat sich dabei folgende Vorgehensweise als optimal herausgestellt.

I. Kurze Spülung des Filterbettes mit Luft zur Aufbrechung der Verkrustungen.

II. Rückspülen des Kokses mit 1oo l Wasser aus dem Ablauf der dritten Säule. Das entspricht etwa 6 % des täglichen Durchsatzes. Dabei wird das Wasser mit Hilfe der Kreiselpumpe P5 unter einer Geschwindigkeit von 3o-4o m/h, bezogen auf die leere Säule, von unten nach oben durch die Filter gepumpt.

Tab. 6: Versuchsbedingungen für die Langzeitversuche A und B

	Langzeitversuch A	Langzeitversuch B
Anzahl der Filter	3 (in Reihe)	3 (in Reihe)
Betriebsweise	Schwerkraft, abwärts	Schwerkraft, Abwärts
Füllung je Filter	15 kg Herdofenkoks	15 kg Herdofenkoks
Schütthöhe	o,95 m	o,95 m
gesamte Versuchszeit	2673 h	18o7 h
gesamter Durchsatz	195,897 m^3	135,358 m^3
mittlerer Durchsatz	73,3 l/h	74,9 l/h
Verweilzeit je Filter	22 min	21,5 min
Verweilzeit gesamte Anlage	66 min	64,5 min
Filtergeschwindigkeit	2,59 m/h	2,65 m/h

III. Durchwirbelung des Filterbettes mit Luft, um eine bei der Rückspülung mit Wasser eingetretene Schichtung des Filtermaterials mit der feinen Körnung im oberen Teil der Schüttung rückgängig zu machen.

Zur Bestimmung der Reinigungsleistung der Anlage wurden kontinuierlich Proben am Eingang sowie am Ablauf jedes Filters genommen. Dies geschah bei den beiden Langzeitversuchen nach unterschiedlichen Methoden.

Versuch A:

Über Drosseln wurden an den Probennahmestellen E2 bis E4 kontinuierlich durchschnittlich 1,5 l/h abgezogen und in Behältern gesammelt. Im Zulauf, Probennahmestelle E1, war ein Drosseln wegen des hohen Suspensionsanfalls nicht möglich. Hier wurden die Proben über eine Schlauchpumpe entnommen.

Versuch B:

An den Probennahmestellen waren Doppelmagnetventile angebracht. Diese wurden über ein Programmwerk so geschaltet, daß jede halbe Stunde für 25 Sekunden der gesamte Durchsatz in den jeweiligen Probenbehälter floß. Die Magnetventile wurden dabei um 7,5 Minuten versetzt geschaltet.

Die kontinuierliche (Versuch A) oder quasi-kontinuierliche Probennahme (Versuch B) erlaubte das Erfassen der tageszeitlichen Schwankungen in der Abwasserkonzentration. Zu Beginn eines Versuchs wurden die Mischproben alle 24 Stunden, später alle 48 Stunden analysiert.

3.5. Versuchsergebnisse

3.5.1. CSB, TOC und BSB_5-Konzentrationen und Reduzierungen

In den Abbildungen 2 bis 7 sind die CSB, TOC und BSB_5 Zulaufkonzentrationen zur Anlage sowie die Ablaufkonzentrationen am dritten Koksfilter, d.h. der Gesamtanlage, in Abhängigkeit von der Versuchszeit dargestellt.

Die Eingangswerte des Langzeitversuches A zeigen sehr große Schwankungen. Die ungewöhnlich hohen Konzentrationen sind größtenteils auf hydraulische Überlastungen der Nachklärbecken, die zu einem Austrag von Belebtschlamm führten, zurückzuführen. Trotzdem zeigen die Ablaufwerte der Versuchsanlage keine Verschlechterung, d.h. die Reinigungsleistung steigt mit zunehmenden Eingangskonzentrationen an. So konnten die CSB-Ablaufwerte während der gesamten Versuchszeit unter 6o mg/l, die TOC-Werte unter 3o mg/l und die BSB_5-Werte unter 1o mg/l gehalten werden. Somit wirkt eine Adsorptionsfilteranlage als guter Auffang für Konzentrationsspitzen und Störungen beim Betrieb der biologischen Stufe.

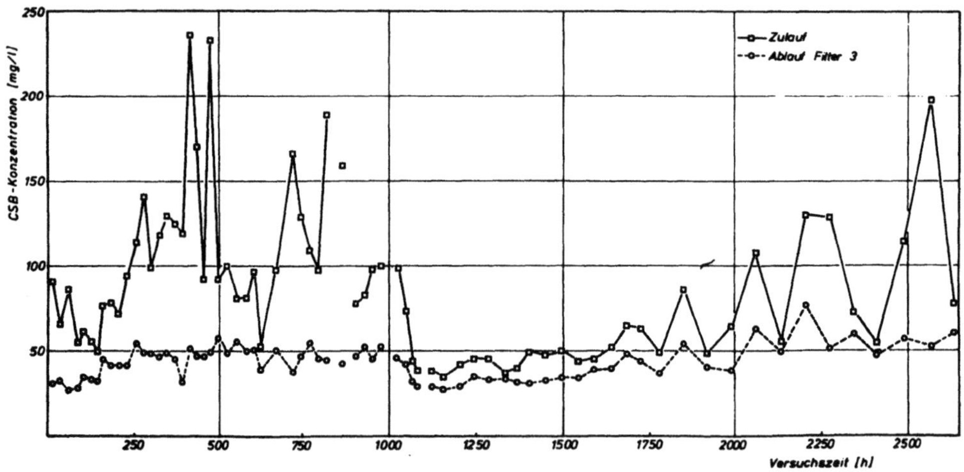

Abb. 2: CSB-Zu- und Ablaufkonzentration (Versuch A)

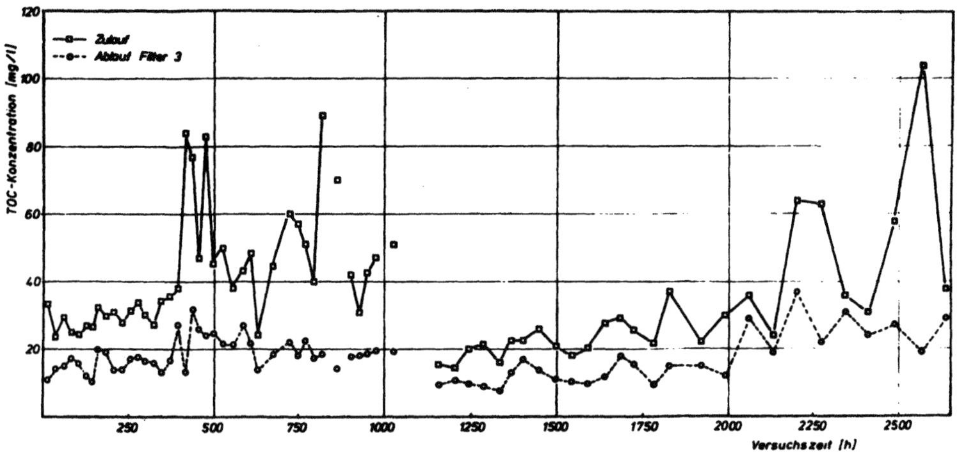

Abb. 3: TOC-Zu- und Ablaufkonzentration (Versuch A)

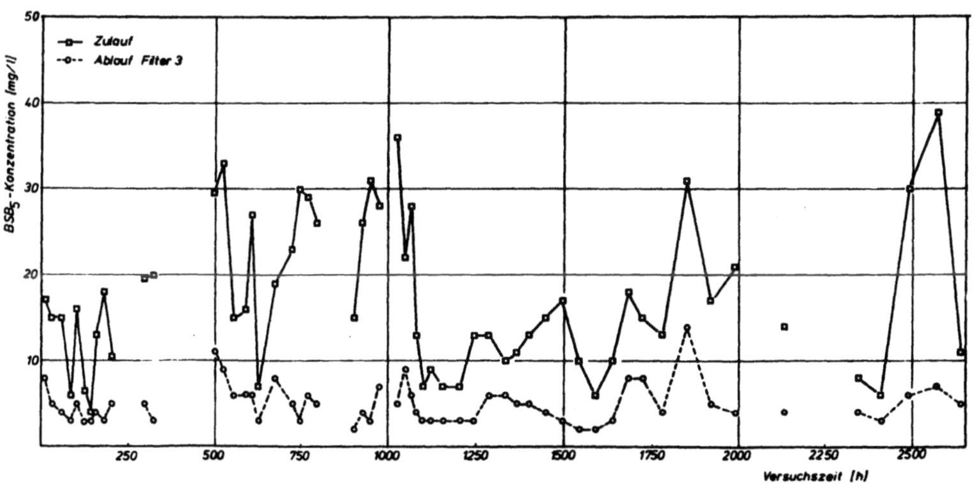

Abb. 4: BSB_5-Zu- und Ablaufkonzentration (Versuch A)

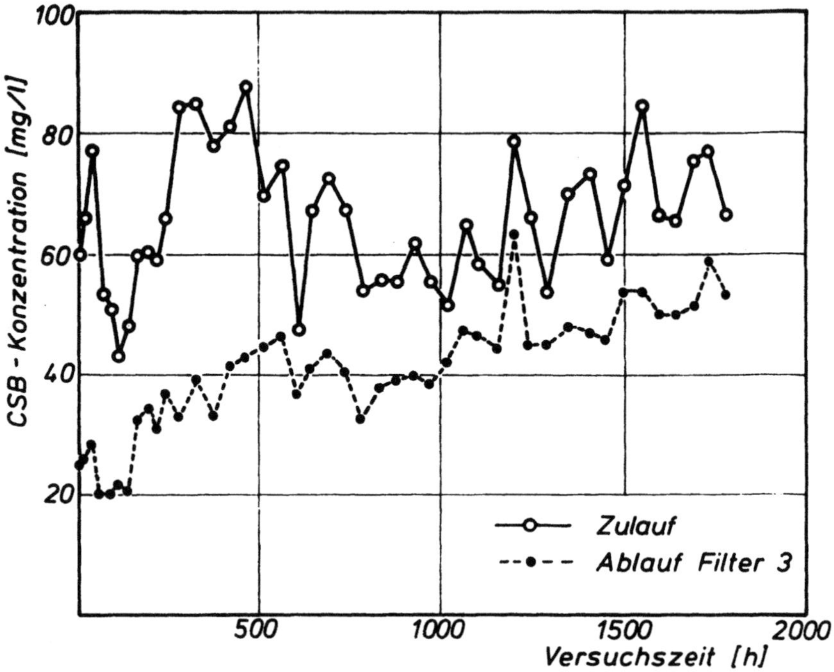

Abb. 5: CSB-Zu- und Ablaufkonzentration (Versuch B)

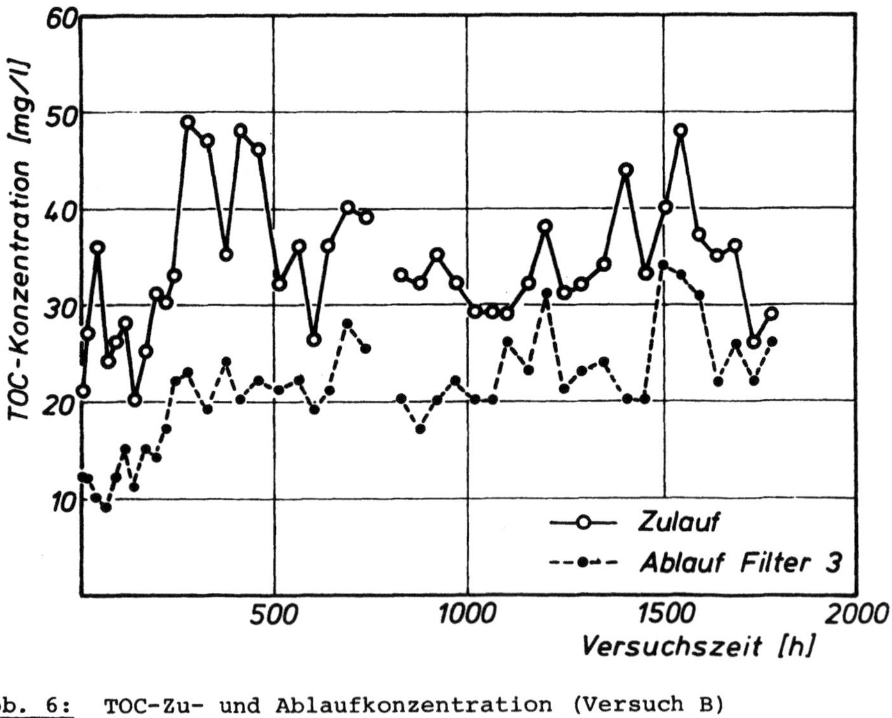

Abb. 6: TOC-Zu- und Ablaufkonzentration (Versuch B)

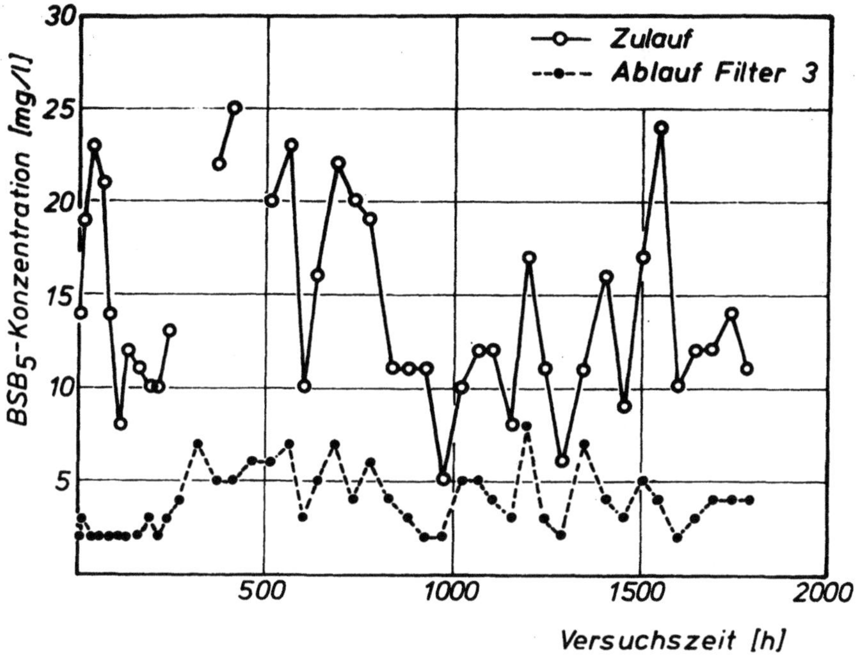

Abb. 7: BSB_5-Zu- und Ablaufkonzentration (Versuch B)

Beim Langzeitversuch B sind die Eingangskonzentrationen dagegen relativ konstant. Es ergeben sich folgende Mittelwerte:

$\overline{CSB}$ = 65 mg/l

$\overline{TOC}$ = 34 mg/l

$\overline{BSB_5}$ = 15 mg/l

Die Ablaufwerte der Versuchsanlage zeigen hierbei ein gleichmäßiges Ansteigen von 23 mg/l CSB, 11 mg/l TOC sowie 2 mg/l BSB_5 zu Beginn auf 49 mg/l CSB, 26 mg/l TOC sowie 4 mg/l gegen Endes des Versuches.

Die Beziehungen zwischen CSB, TOC und BSB_5, die sich aus diesen Ergebnissen errechnen lassen, erlauben eine weitere Charakterisierung des eingesetzten Abwassers sowie des Adsorptionsvorganges. Deshalb wurden die Verhältnisse CSB/BSB_5 und CSB/TOC für beide Langzeitversuche ermittelt.

Der Wert CSB/BSB_5 beschreibt das Verhältnis der durch Dichromat oxidierbaren Verbindungen zu den biologisch abbaubaren Verbindungen.
Er liegt im Zulauf des Langzeitversuches A im Mittel bei 4,6 und im Langzeitversuch B bei 5,2. Dies bedeutet, daß das Abwasser weitgehend biologisch aufbereitet ist und eine weitergehende Reinigung auf physikalisch-chemischem Wege erfolgen muß. Der adsorptive Reinigungsvorgang führt zu einer starken Erhöhung dieses Verhältnisses. So liegt es im Ablauf des Versuches A im Mittel bei 1o,o und im Ablauf des Versuches B bei 12,4. Dies bedeutet, daß die biologisch abbaubaren Substanzen auch gut adsorbierbar sind.
Das Verhältnis CSB/TOC, das dem Oxidationsgrad der im Abwasser enthaltenen Verbindungen indirekt proportional ist [48], zeigt dagegen in der Adsorptionsanlage im allgemeinen keine Veränderung. Nur im Langzeitversuch A nach einer Versuchszeit von ca. 1ooo Stunden steigt der Wert von 2,2 im Zulauf auf 2,8 im Ablauf. Zu beachten ist noch, daß das CSB/TOC Verhältnis während des Versuches B mit 2,o für in einer Belebungsanlage gereinigtes Abwasser außergewöhnlich niedrig liegt.

In den Abbildungen 8 bis 19 sind die Reinigungsleistungen für die Gesamtanlage, sowie für die einzelnen Filter, in bezug auf CSB, TOC und BSB_5 in Abhängigkeit von der Versuchszeit dargestellt.
Dabei ist die Reinigungsleistung η wie folgt definiert:

$$\eta = \frac{C_\alpha - C_\omega}{C_\alpha} \cdot 100\ \%$$

C_α - Eingangskonzentration
C_ω - Ausgangskonzentration

Die Ergebnisse des Versuches A zeigen, daß bei sehr hohen Eingangskonzentrationen CSB- und TOC-Reduzierungen von über 7o %, sowie BSB_5-Reduzierungen von über 9o % erreicht wurden.
Im ersten Filter ergaben sich für gleiche Versuchszeiten CSB und TOC-Reduzierungen von über 6o % und BSB_5-Reduzierungen von über 8o %.
Diese Zahlen zeigen, daß die hohen Konzentrationen weitgehend im ersten Filter reduziert werden. Dies ist darauf zurückzuführen, daß die hohe Verschmutzung größtenteils auf suspendierten Bestandteilen basiert, die im ersten Filter mechanisch ausfiltriert werden. Hinzu kommt natürlich noch, daß erhöhte Konzentrationen zu größerer Adsorptionskapazität und somit zu höheren Reinigungsleistungen beitragen. Dies führt dazu, daß für den ersten Filter und somit auch für die gesamte Anlage keine eindeutige Abhängigkeit des Verlaufs der Reinigungsleistung von der Versuchszeit, d.h. ein gleichmäßiges Abfallen, erkennbar ist, sondern sich eine starke Abhängigkeit von der Zulaufkonzentration ergibt.

Die Zulaufkonzentrationen des zweiten und dritten Filters sind dagegen schon weitgehend geglättet. Somit lassen sich hier einige grundlegende Aussagen über den zeitlichen Verlauf der Reinigungsleistung des jeweiligen Filters machen. Die Reduzierungen in bezug auf CSB, TOC und BSB_5 durchlaufen zu Beginn des Versuches

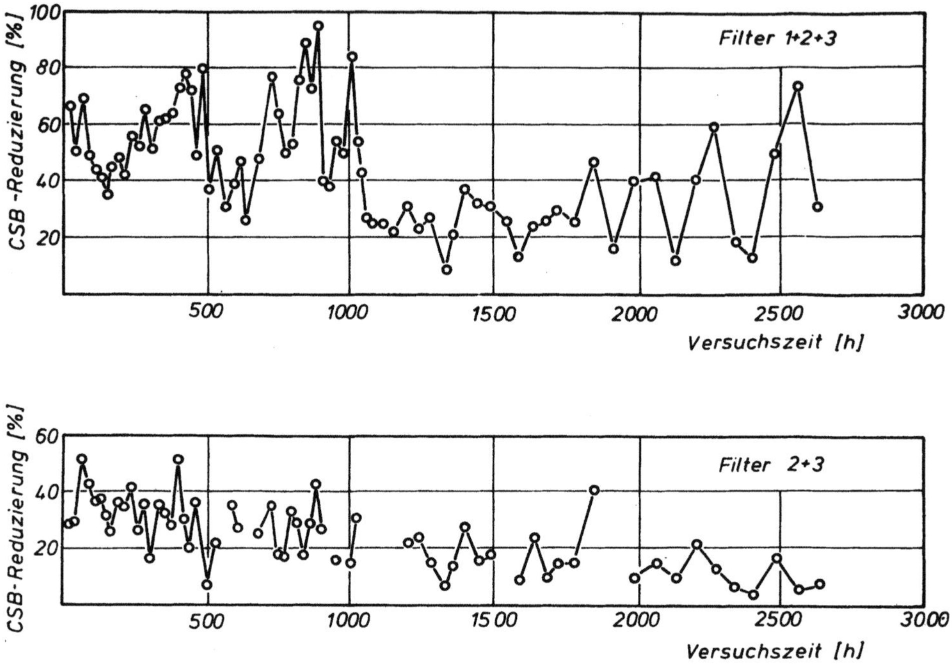

Abb. 8: CSB-Reduzierung (Versuch A)

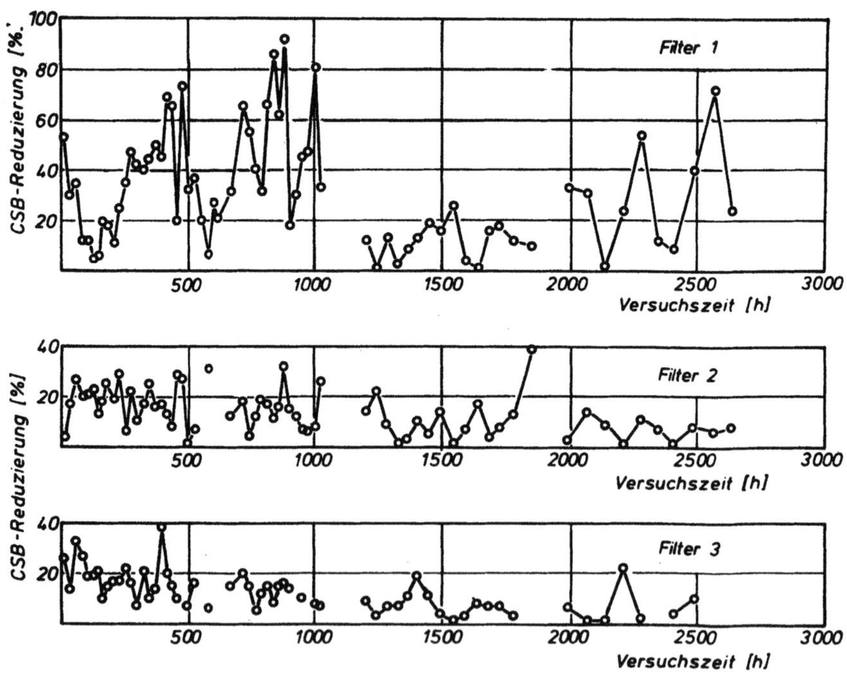

Abb. 9: CSB-Reduzierung (Versuch A)

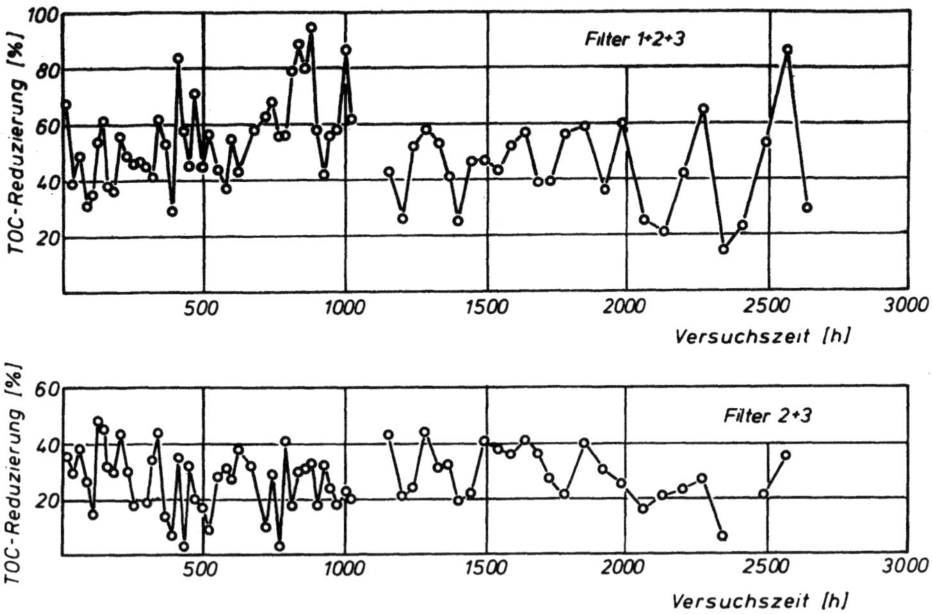

Abb. 1o: TOC-Reduzierung (Versuch A)

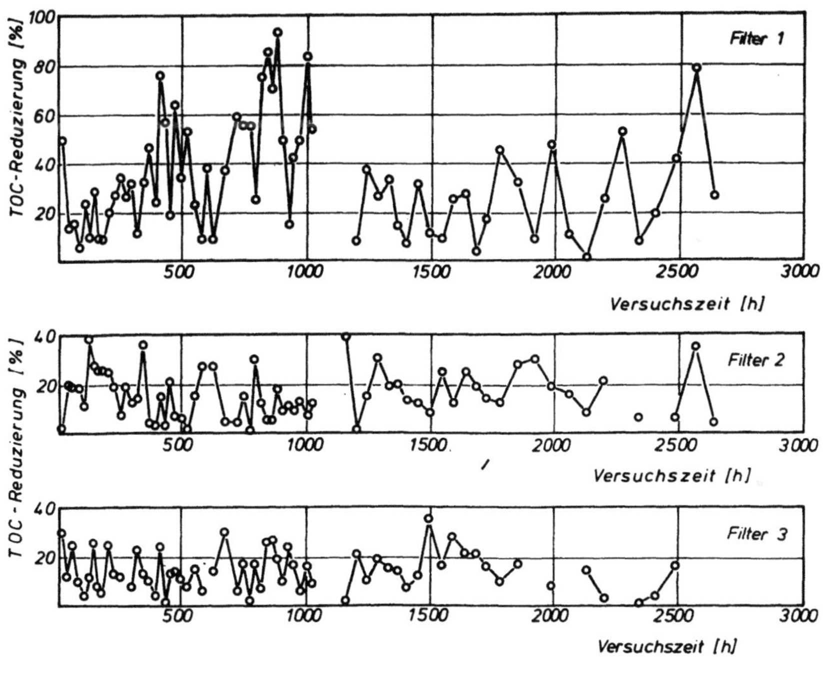

Abb. 11: TOC-Reduzierung (Versuch A)

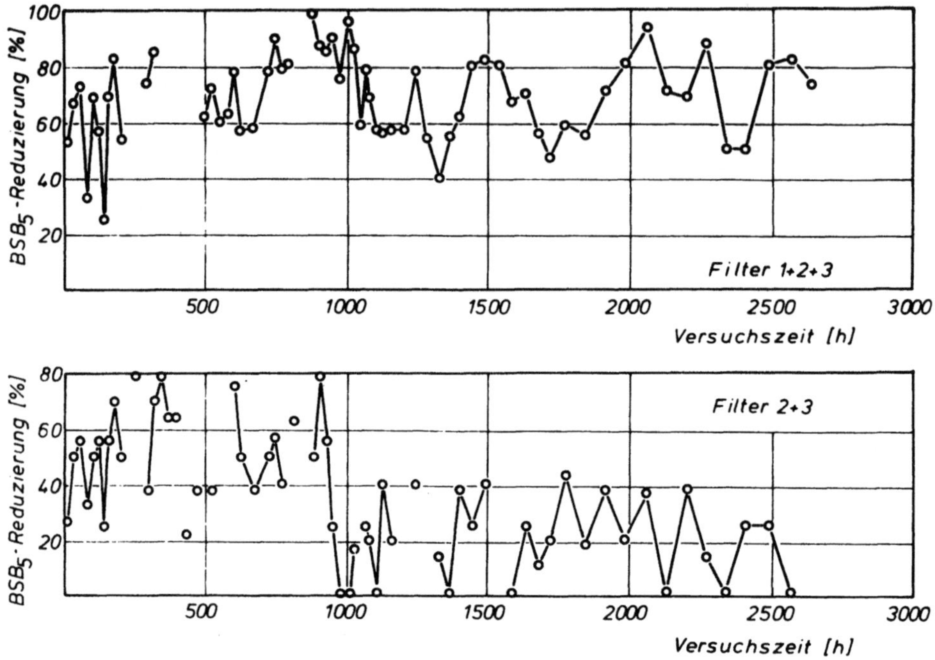

Abb. 12: BSB_5-Reduzierung (Versuch A)

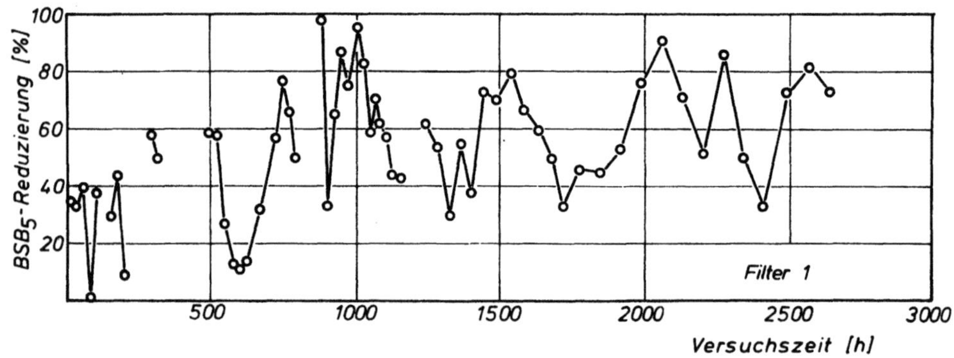

Abb. 13: BSB_5-Reduzierung (Versuch A)

oder nach kurzer Zeit (Filter 2) ein Maximum und fallen dann auf einen konstanten Wert ab, der nach etwa 13oo Stunden erreicht wird. Die entsprechenden Reinigungsleistungen sind in Tab. 7 aufgeführt.

Tab. 7: Maximale Reinigungsleistung sowie konstante Reinigungsleistung bei Versuchsende für Filter 2 und 3 (Versuch A)

		Maximale Reinigungsleistung	Konstante End-Reinigungsleistung
Filter 2	CSB	25 %	9 %
	TOC	26 %	15 %
	BSB_5	5o %	3o %
Filter 3	CSB	25 %	6 %
	TOC	2o %	12 %
	BSB_5	4o %	2o %

Wesentlich deutlicher zeigt sich die Abhängigkeit der Reinigungsleistung von der Versuchszeit bzw. dem Durchsatz für den Langzeitversuch B. Die vorhandenen Schwankungen in den Reduzierungen sind auf die auch hier noch vorhandenen geringen Konzentrationsdifferenzen sowie auf unterschiedliche Abwasserzusammensetzungen zurückzuführen. So ergibt sich die geringe CSB- und TOC-Reinigungsleistung im ersten Filter zwischen 1oo und 25o Stunden Versuchszeit aus der unterdurchschnittlichen Zulaufkonzentration während dieser Zeit. Der anschließende Anstieg in der Zulaufkonzentration führt auch wieder zu höheren Reduzierungen.
Trotz dieser Unregelmäßigkeiten läßt sich für den Langzeitversuch B ein eindeutiger Zusammenhang zwischen Reinigungsleistung und Versuchszeit herstellen.

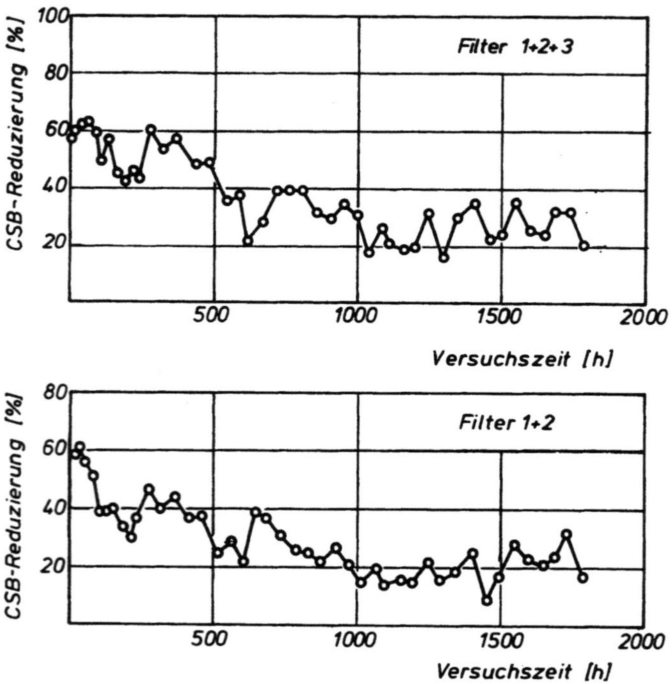

Abb. 14: CSB-Reduzierung (Versuch B)

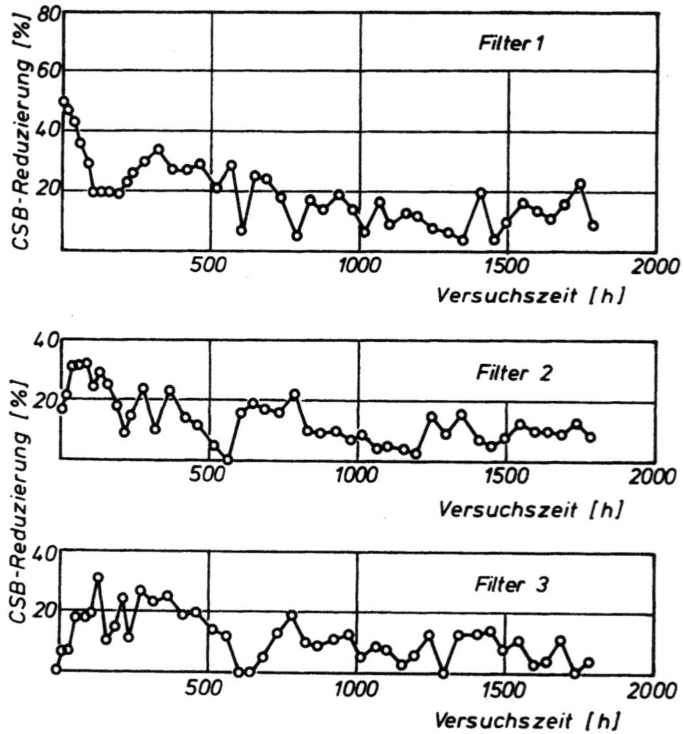

Abb. 15: CSB-Reduzierung (Versuch B)

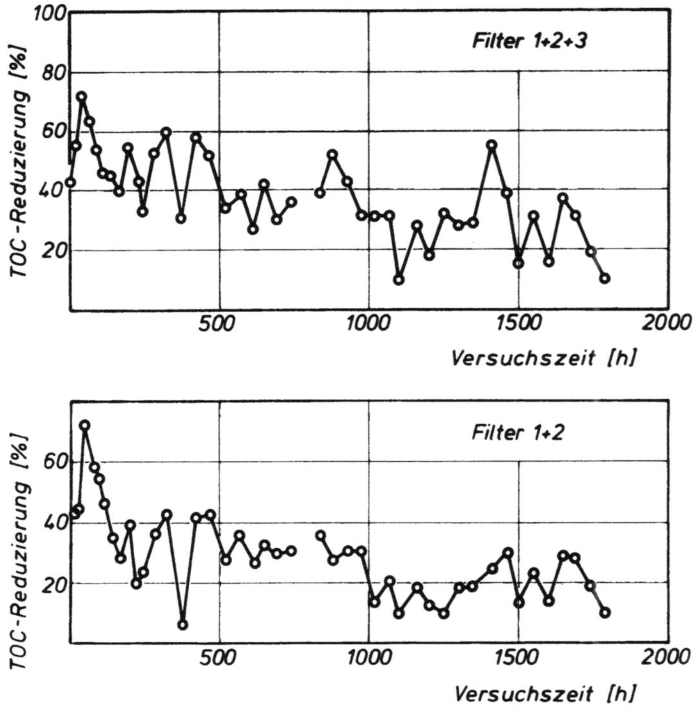

Abb. 16: TOC-Reduzierung (Versuch B)

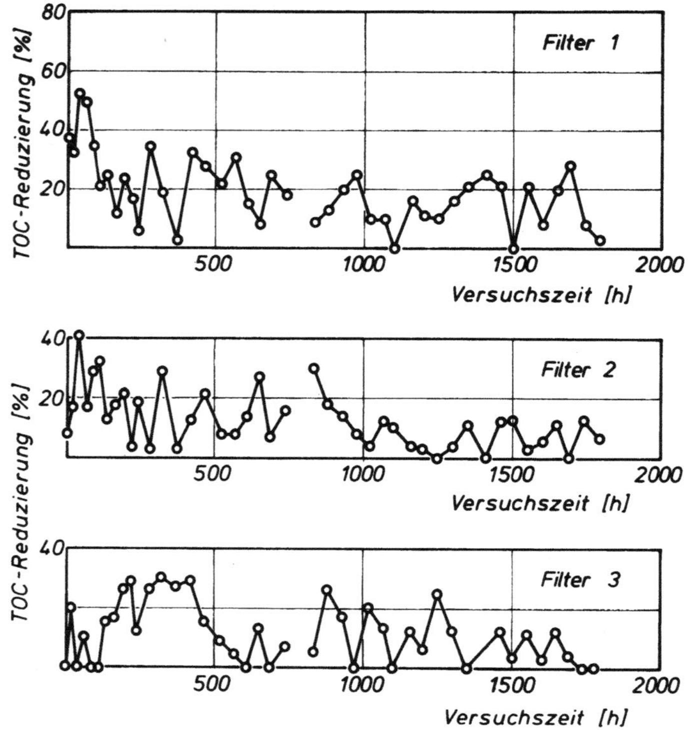

Abb. 17: TOC-Reduzierung (Versuch B)

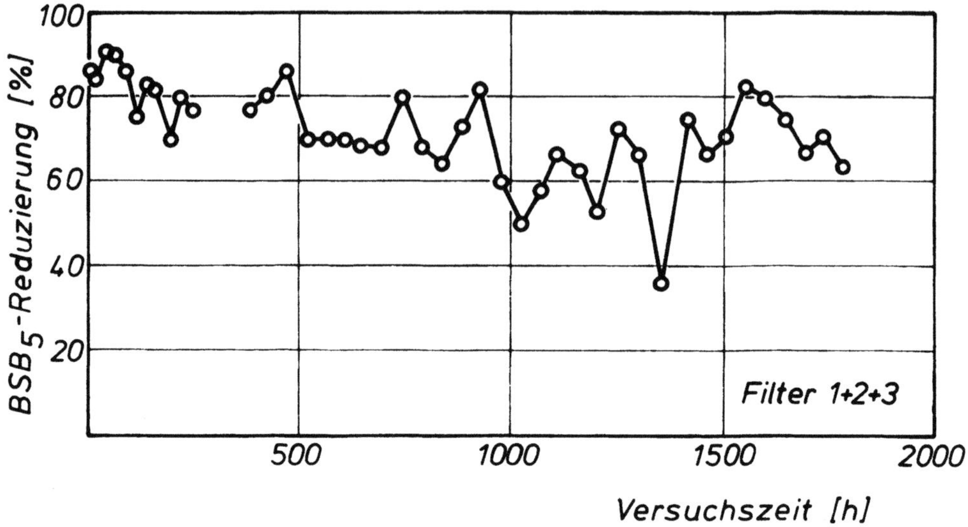

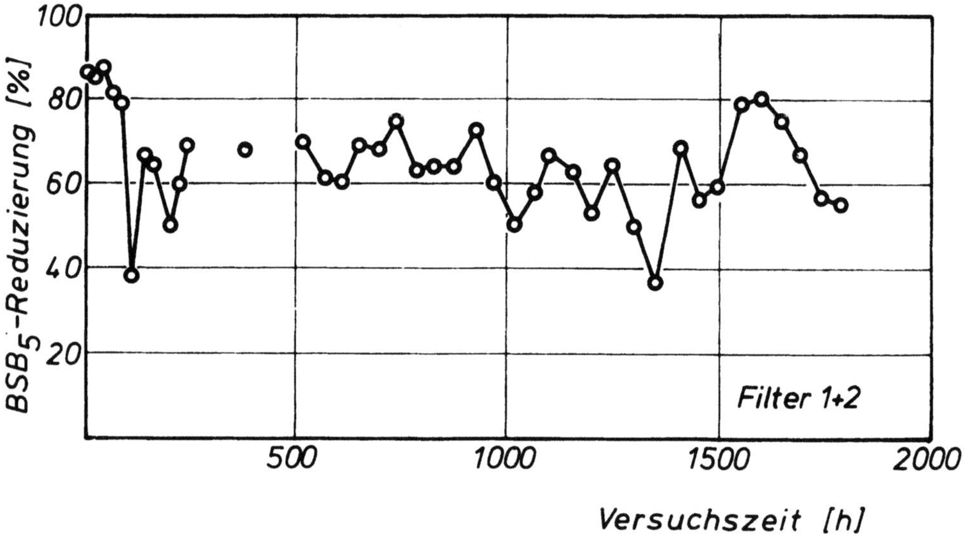

Abb. 18: BSB_5-Reduzierung (Versuch B)

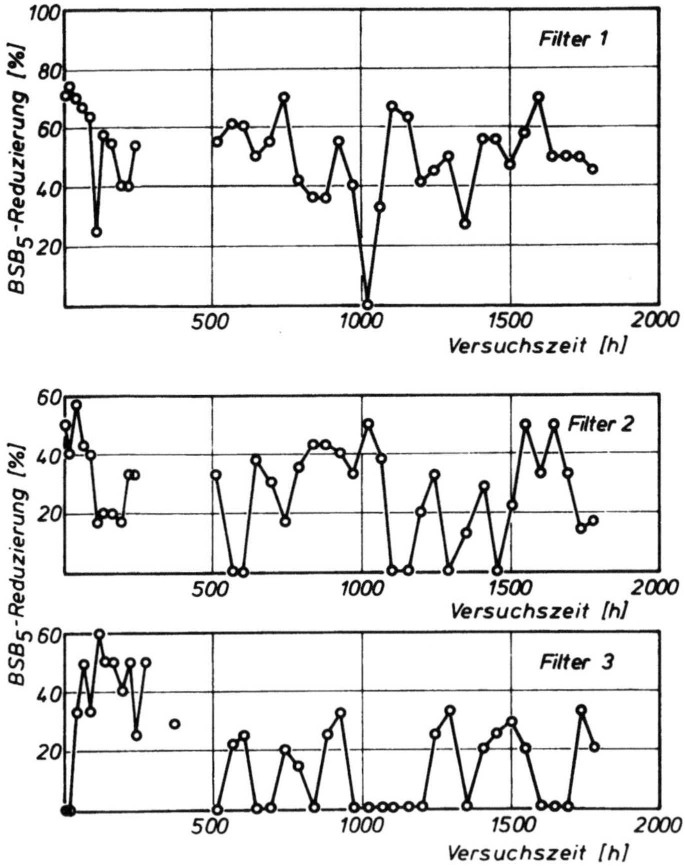

Abb. 19: BSB_5-Reduzierung (Versuch B)

Besonders klar wird dies aus den Abbildungen 2o bis 22, in denen die "geglätteten" Reinigungsleistungen als Funktion der Zeit dargestellt sind. Sie wurden gewonnen, indem die in den Abbildungen 8 bis 19 dargestellten "wahren" Reinigungsleistungen über bestimmten Zeitabschnitten gemittelt wurden. Dabei ergeben sich für die CSB, TOC und BSB_5-Reduzierungen folgende Gemeinsamkeiten. Die Reinigungsleistung der Gesamtanlage (Filter 1 + 2 + 3) fällt von einem Maximalwert bei Versuchsbeginn monoton auf einen konstanten Endwert. Einen ähnlichen Verlauf zeigt die Reinigungsleistung des ersten Filters, wobei der Abfall jedoch wesentlich steiler ist und der konstante Endwert früher erreicht wird. Dagegen durchlaufen die Reduzierungen des zweiten und dritten Filters erst nach einer bestimmten Versuchszeit ein Maximum. Dabei ist zu beachten, daß die Maxima

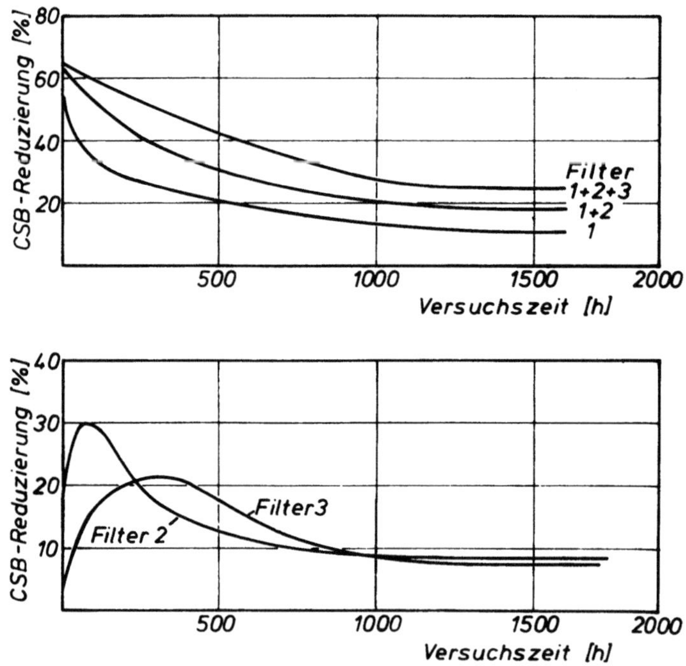

Abb. 2o: Gemittelte CSB-Reduzierung (Versuch B)

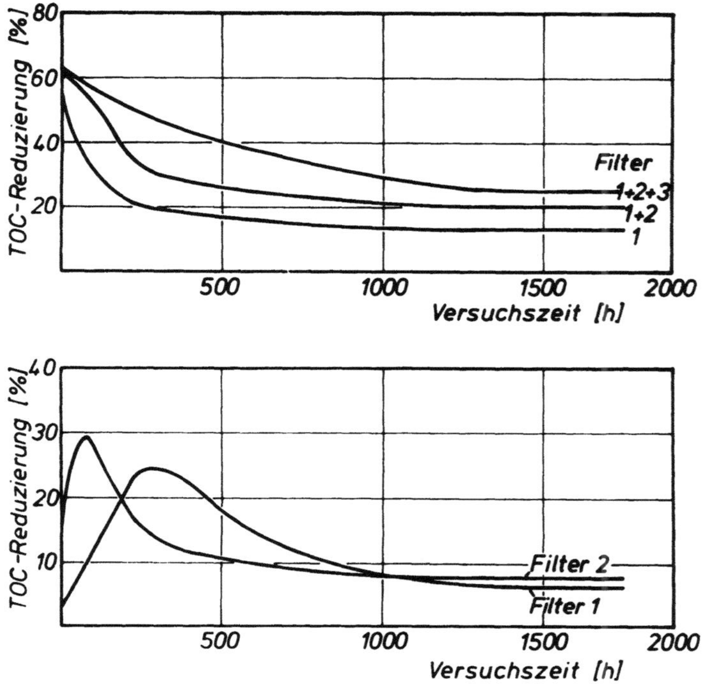

Abb. 21: Gemittelte TOC-Reduzierung (Versuch B)

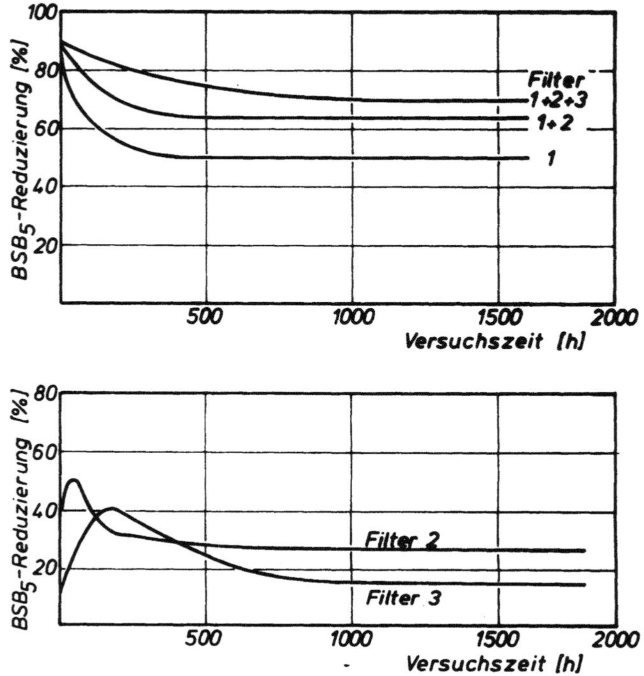

Abb. 22: Gemittelte BSB_5-Reduzierung (Versuch B)

in Reihenfolge der Filter abnehmen und zu einer späteren Versuchszeit erreicht werden. Außerdem verlaufen sie immer flacher. Wie im ersten Filter geht jedoch auch die Reinigungsleistung des zweiten und dritten Filters nach einer bestimmten Zeit in einen konstanten Endwert über. Dabei nehmen diese Werte in Reihenfolge der Filter ab. Für die gesamte Anlage ergeben sich konstante Endreinigungsleistungen von 25 % CSB, 25 % TOC und 7o % BSB_5, d.h. diese Reduzierungen könnten unendlich lang aufrechterhalten werden. Zurückzuführen ist dies höchstwahrscheinlich auf die in den Filtern ablaufenden biologischen Prozesse, sowie auf die besonders im ersten Filter stattfindende mechanische Filtrierung suspendierter Bestandteile im Abwasser. Unterstützt wird diese Annahme dadurch, daß die BSB_5-Reduzierungen, die die Abnahme der biologischabbaubaren Substanzen angeben, besonders hoch sind. Die auftretenden Maxima sind dagegen auf die durch die Koksschüttung wandernde Beladungszone zurückzuführen, die sich dabei ständig verbreitert. Solche Beladungszonen oder -fronten sind aus der adsorptiven Behandlung von Einstoffgemischen bekannt. Abwasser jedoch ist ein Gemisch aus vielen Einzelkomponenten. Somit setzt sich auch dessen Beladungszone aus der Überlagerung der Beladungszonen der Einzelkomponenten zusammen. Sie ist somit zwangsläufig unschärfer als die von Einstoffgemischen. Dies zeigt sich auch in der Reinigungsleistung der Gesamtanlage, die konstant langsam mit der Versuchszeit abfällt und nur geringen Einfluß einer Beladungsfront erkennen läßt.

Die Reinigungsleistung von 65 % zu Beginn des Versuches B zeigt, daß ein bestimmter Anteil der im Abwasser vorhandenen Substanzen nicht adsorbierbar ist. Dieser Anteil hängt von der Zusammensetzung des Rohabwassers und der Art der biologischen Behandlung ab. Er kann durch bestimmte Behandlungsmethoden, z.B. Ozonisierung[38)], vermindert werden.

Wie weitgehend die Reinigungsleistung von der Zulaufkonzentration abhängt, zeigen die Abbildungen 23 bis 25, in denen für Versuch A

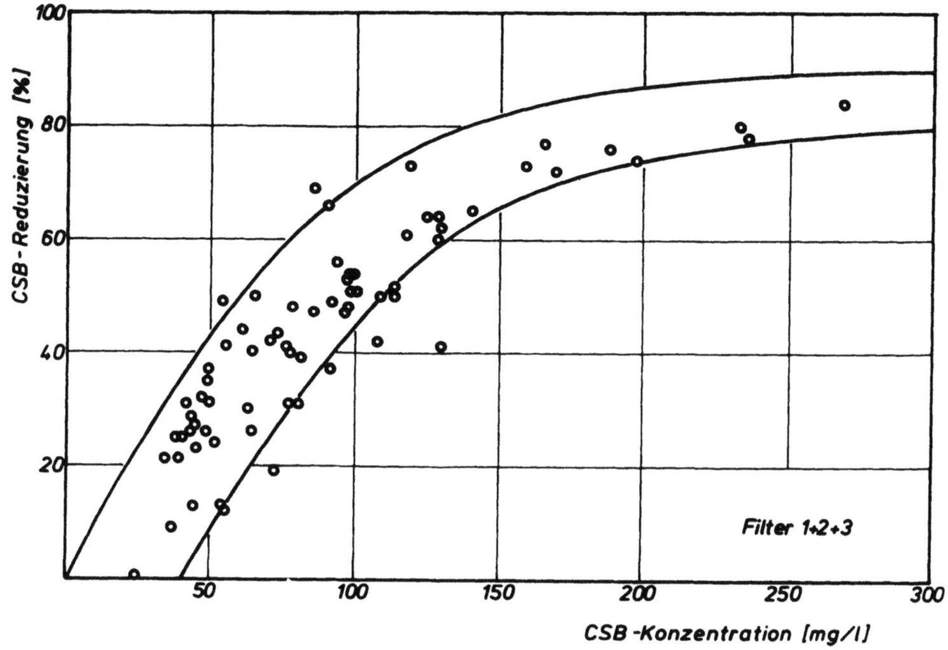

Abb. 23: CSB-Reduzierung als Funktion der Zulaufkonzentration (Versuch A)

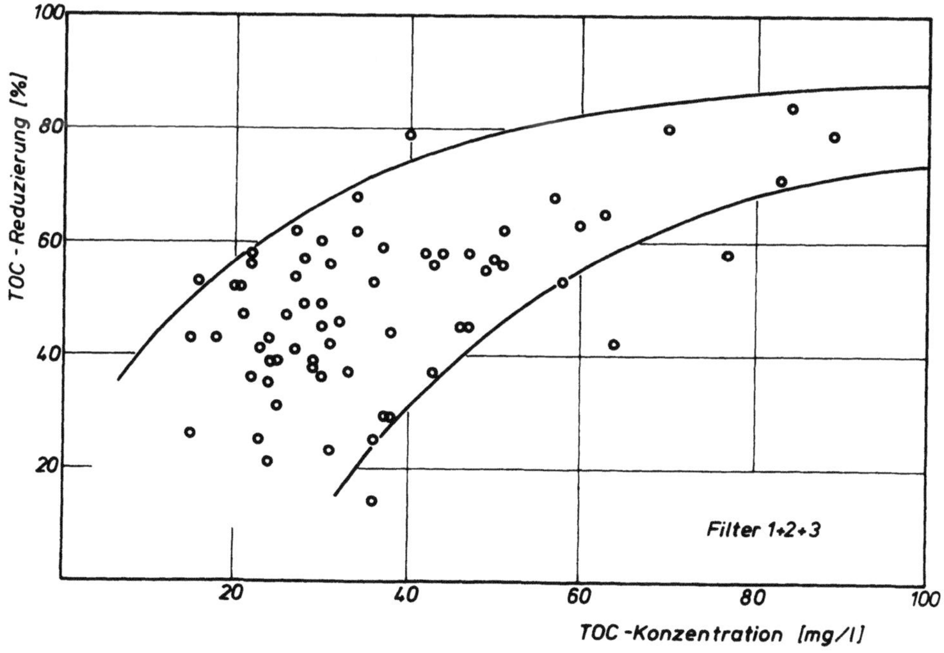

Abb. 24: TOC-Reduzierung als Funktion der Zulaufkonzentration (Versuch A)

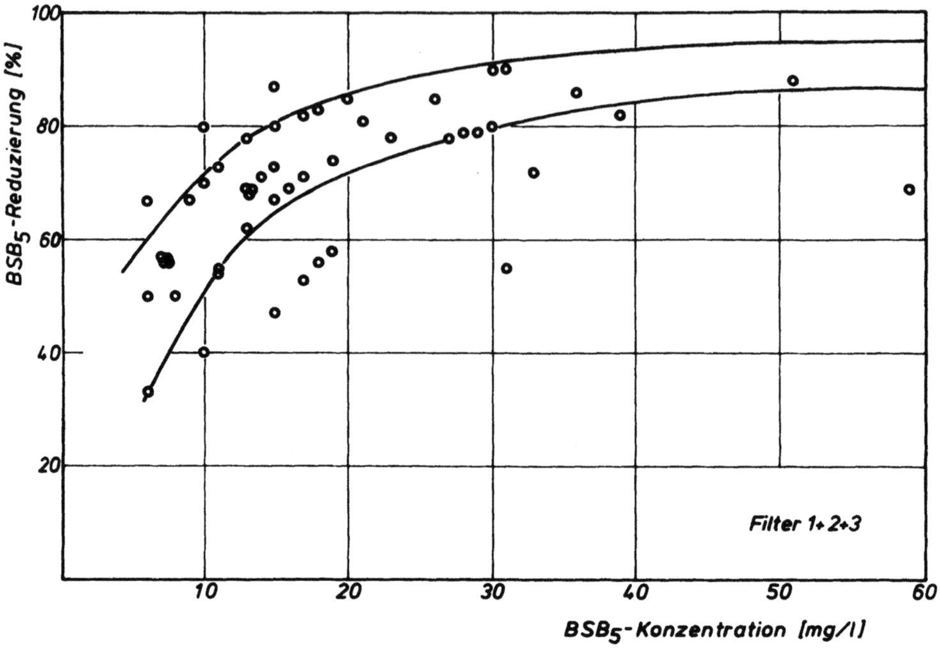

Abb. 25: BSB_5-Reduzierung als Funktion der Zulaufkonzentration (Versuch A)

η für die gesamte Anlage über C_o aufgetragen ist. Für eine Zulaufkonzentration von 65 mg/l CSB ergeben sich Reduzierungen von 2o % bis 55 %. Dies entspricht in etwa den Reduzierungen, die für Versuch B mit einer mittleren Eingangskonzentration von 65 mg/l CSB über die gesamte Versuchszeit hinweg erzielt wurden. Gleiche Zusammenhänge ergeben sich für TOC und BSB_5.

3.5.2. Erreichte CSB- und TOC-Beladungen

In den Abbildungen 26 bis 28 sind die CSB-Beladungen und in den Abbildungen 29 bis 31 die TOC-Beladungen getrennt für jeden der drei Filter sowie für beide Langzeitversuche als Funktion des spezifischen Abwasserdurchsatzes aufgetragen. Dabei wurden die Beladungen wie folgt berechnet:

$$b_n = \frac{1}{m} \sum_{i=1}^{n} (V_i - V_{i-1}) \cdot (c_{\alpha_i} - c_{\omega_i})$$

b_n	- Beladung nach n-Probenahmen (mg/g)
m	- Filtereinwaage (kg)
V	- Durchsatz (m^3)
c_α, c_ω	- Zulauf- und Ablaufkonzentration eines Filters (mg/l)

In die Diagramme für den Langzeitversuch B wurde zusätzlich der Beladungsverlauf eingezeichnet, der sich aus den gemittelten Reinigungsleistungen (Abb. 2o bis 21) ergibt. Die Kurven stimmen weitgehend überein.

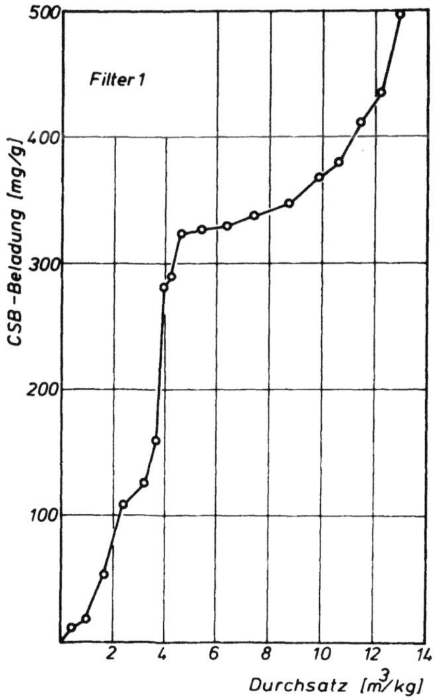

Abb. 26: CSB-Beladung (Versuch A)

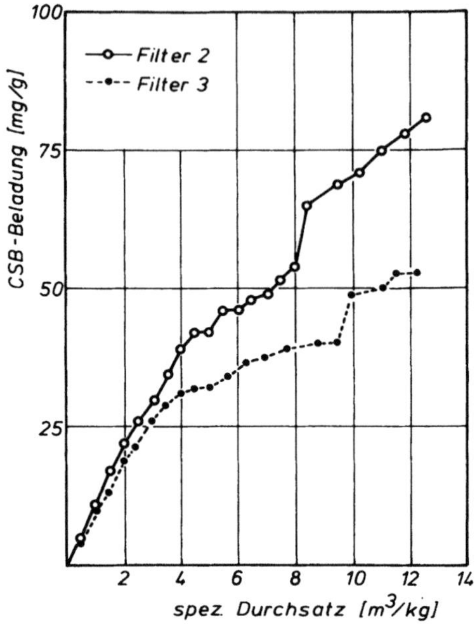

Abb. 27: CSB-Beladung (Versuch A)

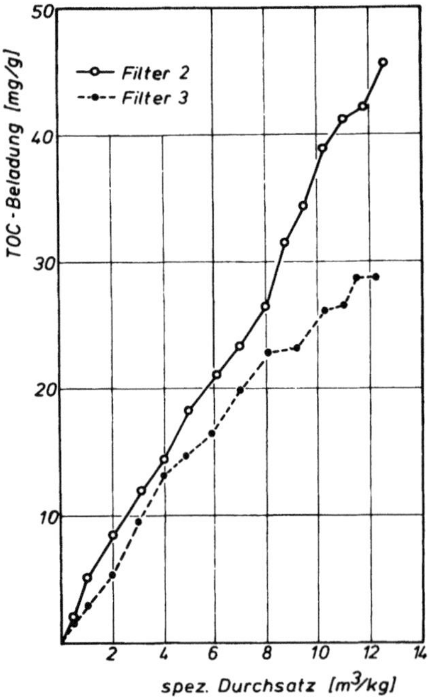

Abb. 29:

TOC-Beladung (Versuch A)

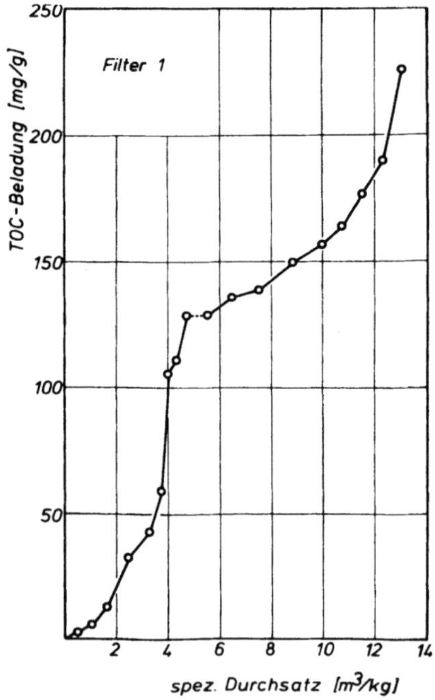

Abb. 3o:

TOC-Beladung (Versuch A)

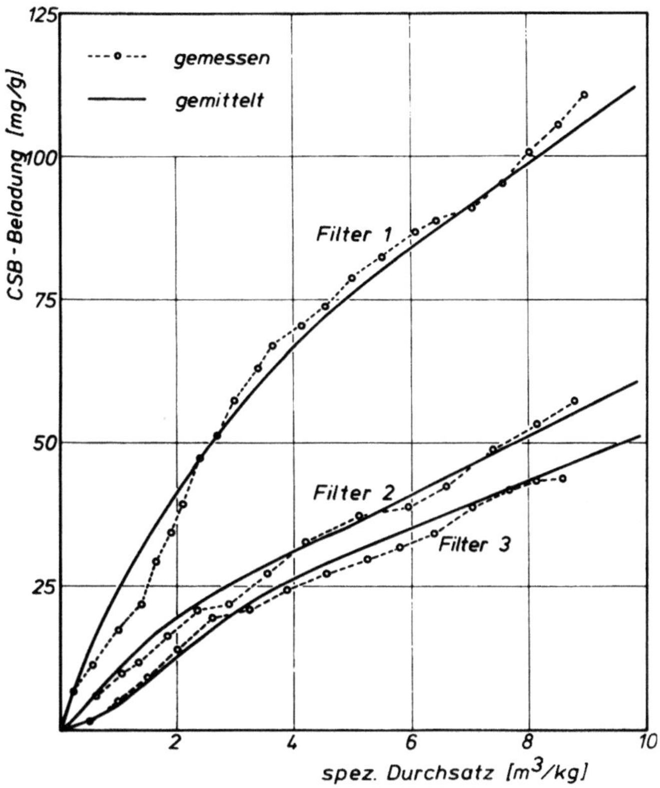

Abb. 28: CSB-Beladung (Versuch B)

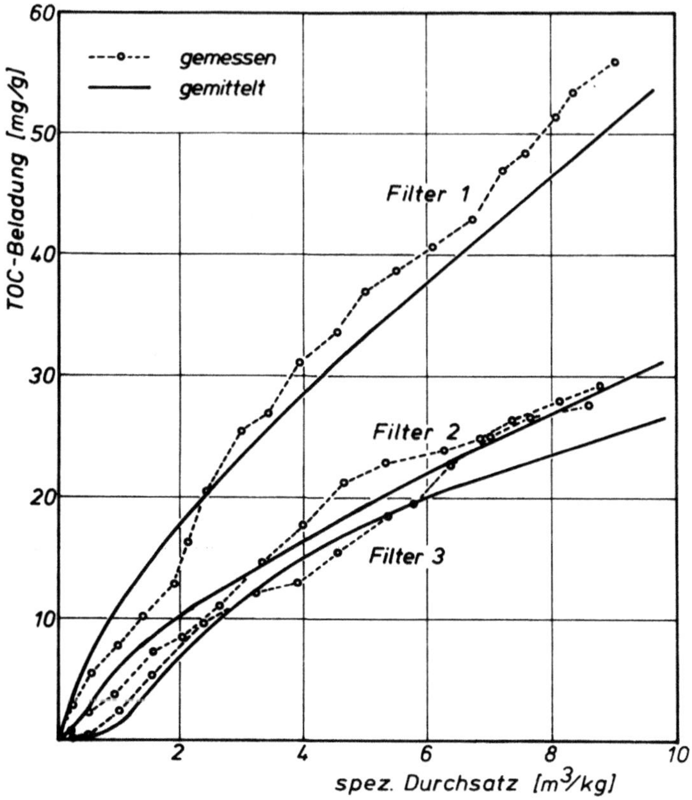

<u>Abb. 31:</u> TOC-Beladung (Versuch B)

Der Beladungsverlauf des ersten Filters beim Langzeitversuch A zeigt sowohl für den CSB (Abb. 26) als auch für den TOC (Abb.29) ein unregelmäßiges Ansteigen, daß auf die stark schwankenden Zulaufkonzentrationen zurückzuführen ist. Aufgrund der sehr hohen Zulaufwerte wurden nach einem spezifischen Durchsatz von 13 m^3/kg in der ersten Säule eine CSB-Beladung von 5oo mg/g und eine TOC-Beladung von 225 mg/g erreicht.

Ein gleichmäßiges Abnehmen des Beladungszuwachses ergibt sich dagegen für den Filter 1 im Langzeitversuch B. Bei einem mittleren Zulauf von 65 mg/l CSB und 34 mg/l TOC wurde nach einem spezifischen Durchsatz von 9 m^3/kg eine CSB-Beladung von 111 mg/g und eine TOC-Beladung von 56 mg/g erreicht.

Die Beladungsverläufe der zweiten und dritten Filter stimmen dagegen für die Langzeitversuche A und B weitgehend überein. Dies ist darauf zurückzuführen, daß die hohen Konzentrationen im Zulauf zum ersten Filter während des Versuches A dort schon weitgehend abgebaut werden. So wurden nach einem spezifischen Durchsatz von 9 m^3/kg folgende Beladungswerte erreicht (Tab. 8).

Tab. 8: CSB- und TOC-Beladung nach einem spezifischen Durchsatz von 9 m^3/kg

	CSB-Beladung (mg/g)		TOC-Beladung (mg/g)	
	Filter 2	Filter 3	Filter 2	Filter 3
Versuch A	67	4o	32	23
Versuch B	58	45	3o	28

Die Verläufe der Kurven bestätigen, daß nach einem spezifischen Durchsatz von ungefähr 5 m^3/kg eine konstante Reinigungsleistung erreicht wird, was sich in einem konstanten Beladungszuwachs ausdrückt. Dieser ist dann im wesentlichen auf biologischen Abbau zurückzuführen.

Zudem erkennt man besonders bei den Beladungsverläufen für Versuch B deutlich den Einfluß der Beladungszone, die zu Wendepunkten bei den Kurven für Filter 2 und 3 führt, d.h. der Beladungszuwachs ist nicht zu Beginn sondern erst nach einer bestimmten Versuchszeit, die von der Länge des Filterbettes abhängig ist, am größten.

3.5.3. Trockensubstanz- und Trübungsmessungen

Die Ergebnisse der Trockensubstanz- und Trübungsmessungen sind in Tabelle 9 zusammengefaßt. Die angegebenen Werte ergeben sich aus 24 Stunden Mischproben. Die prozentuale Reduzierung (in Klammern) bezieht sich auf den jeweiligen Eingangswert der Anlage. Die Ergebnisse zeigen,daß der größte Teil der Schwebstoffe in der ersten Säule ausfiltriert wird. Der unterschiedliche Charakter der Trockensubstanz- und Trübungsmessungen wird an den Reduzierungen des zweiten und dritten Filters deutlich, die in Bezug auf die Trübung deutlich höher liegen. Denn zu einer Trübung tragen nicht nur suspendierte Stoffe bei, sondern zu einem großen Teil auch kolloidal gelöste Substanzen. Diese werden jedoch im wesentlichen durch Adsorption und somit auch im zweiten und dritten Filter entfernt.

Tab. 9: Ergebnisse der Suspensions- und Trübungsmessung (Versuch A)

Versuchszeit (h)		Trockensubstanz (mg/l)	Trübung (TE)+
416	Zulauf	214	
		(83 %)	
	Ablauf F1	37	
		(82 %)	
	Ablauf F2	38	
		(84 %)	
	Ablauf F3	35	
455	Zulauf	66	16
		(67 %)	(66 %)
	Ablauf F1	22	5,5
		(77 %)	(9o %)
	Ablauf F2	15	1,6
		(79 %)	(92 %)
	Ablauf F3	14	1,25
9oo	Zulauf		14
			(71 %)
	Ablauf F1		4
			(82 %)
	Ablauf F2		2,5
			(93 %)
	Ablauf F3		1

+ 1 Trübungseinheit (TE) ≙ 25 (mg/l SiO_2)

3.5.4. Untersuchungen am Rasterelektronenmikroskop

Am Ende des Langzeitversuches B wurde eine Koksprobe aus dem ersten Filter entnommen, im Trockenschrank bei 110 °C getrocknet und anschließend im Rasterelektronenmikroskop untersucht (Abb. 33). Zum Vergleich wurden ebenfalls Aufnahmen von originalem, unbeladenem Herdofenkoks angefertigt (Abb. 32). Die geringste Vergrößerung zeigt für beide Proben gemeinsam Körner unterschiedlicher Größe und wechselnder Kornform. Bei wachsender Vergrößerung zeigt sich dann ein deutlicher Unterschied. Während der unbeladene Koks eine stark ausgeprägte, unregelmäßige Porenstruktur aufweist, zeigt die beladene Probe eine fast homogene Oberfläche. Das Porenvolumen hat sich fast vollständig mit adsorbierter organischer Substanz gefüllt.

Abb. 32: REM-Aufnahmen von unbeladenem Herdofenkoks

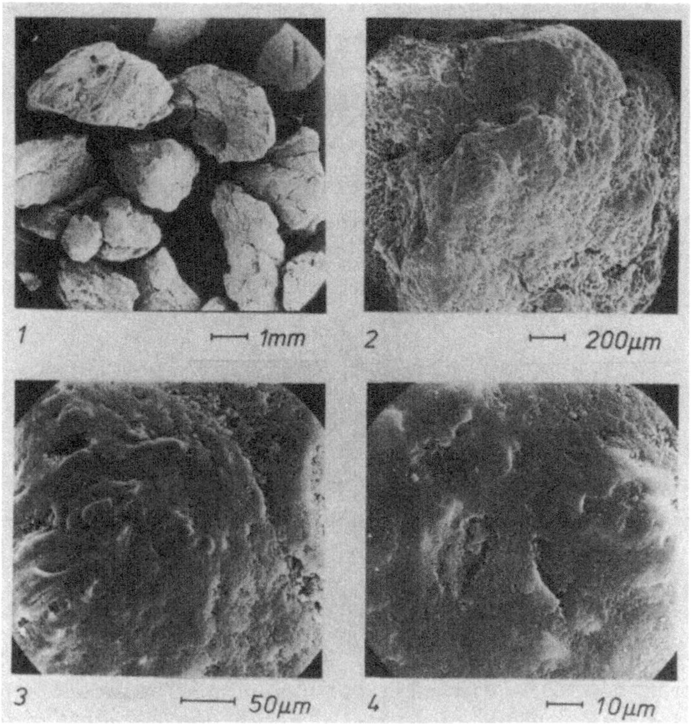

Abb. 33: REM-Aufnahmen von beladenem Herdofenkoks

4. Spezifischer Durchsatz in Abhängigkeit von der Kontaktzeit sowie der mittleren integralen Reinigungsleistung

Entscheidend für die Leistung einer Adsorptionsfilteranlage ist der maximal mögliche Durchsatz innerhalb dessen eine mittlere, integrale Reinigungsleistung eingehalten werden kann. Die mittlere, integrale Reinigungsleistung $\bar{\eta}$ ist wie folgt definiert

$$\bar{\eta} = \frac{1}{V} \int_{o}^{V} \eta \ (V, \tau) \ dV$$

Das Einhalten einer weitgehend konstanten Reinigungsleistung in der Praxis kann durch verschiedene Verfahren, so z.B. durch das versetzte Anfahren parallel geschalteter Säulen, erreicht werden.

In jedem realen Adsorptionssystem ist die mittlere, integrale Reinigungsleistung $\bar{\eta}$ sowohl vom spezifischen, d.h. auf die Länge, das Volumen oder die Einwaage der Schüttung bezogenen Durchsatz V^+ als auch von der Kontaktzeit τ abhängig.

Daß dies im besonderen Maße auch für das untersuchte, mechanisch-biologisch gereinigte Abwasser gilt, zeigen die Zusammenhänge in Abbildung 35, in der die Kontaktzeit und der spezifische Durchsatz, hier bezogen auf das Schüttgewicht, auf den Ordinaten sowie die mittlere, integrale CSB-Reduzierung als Parameter aufgetragen sind. Der Verlauf der Kurven wurde aus den gemittelten Reinigungsleistungen des Langzeitversuches B (Abb. 2o) durch graphische Integration ermittelt.

Das Diagramm zeigt, daß eine charakteristische Beziehung zwischen τ und V^+ für ein konstantes $\bar{\eta}$ existiert. Alle Kurven beginnen im Nullpunkt, d.h.: wenn die Kontaktzeit bzw. die Filterlänge gegen Null strebt, geht auch der mögliche spezifische Durchsatz gegen Null. Mit größer werdender Kontaktzeit durchlaufen die Kurven einen Wendepunkt, um sich schließlich asymtotisch einer von spezifischem Durchsatz unabhängigen Gerade zu nähern, die bei $V^+ = \infty$ erreicht wird; d.h. bei der für diesen Fall auf der Ordinate ablesbaren Kontaktzeit könnte die entsprechende mittlere, integrale Reinigungsleistung für beliebige Durchsätze aufrechterhalten werden. Bei einer Erweiterung der Kontaktzeit, was jedoch experimentell nicht durchgeführt wurde, ergäben sich für die größeren CSB-Reduzierungen gleiche charakteristische Kurvenverläufe.

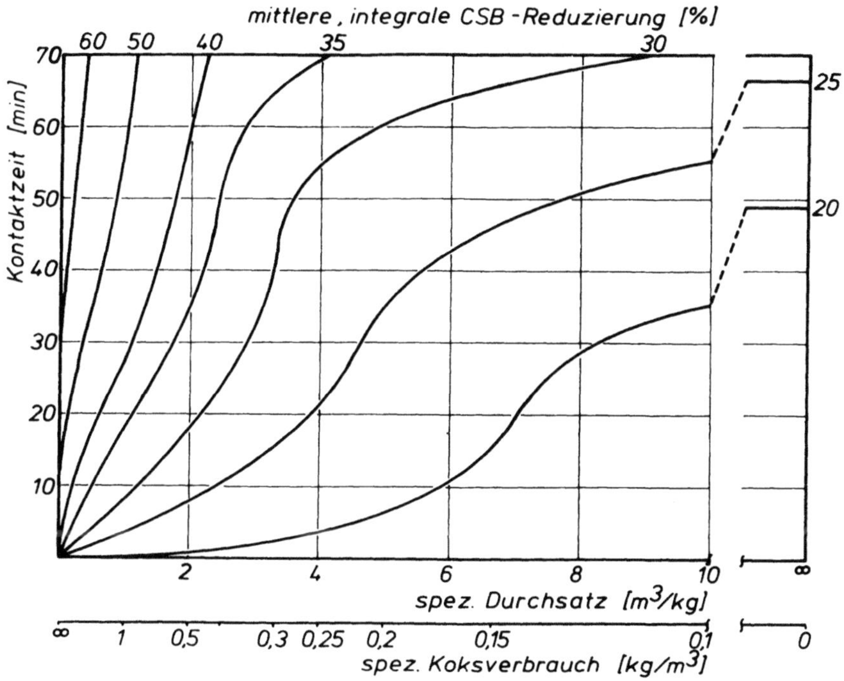

Abb. 35: Beziehung zwischen Kontaktzeit, mittl. int. CSB-Reduzierung und spez. Durchsatz (Versuch B)

Der Verlauf der mittleren, integralen Reinigungsleistung ist auf den ersten Blick ungewöhnlich. Der Grund liegt darin, daß im Filter neben reiner Adsorption sowohl biologischer Abbau der organischen Verbindungen als auch reine mechanische Filtration stattfindet. Dieser Sachverhalt wird im folgenden erläutert.

Reine Adsorption

In einem idealen Adsorptionssystem, d.h. bei einer stufenförmigen Adsorptionszone ist $\bar{\eta}$ keine Funktion der Kontaktzeit τ, sondern vom spezifischen Durchsatz V^+ abhängig. Für jedes reale System dagegen ist der maximal mögliche, spezifische Durchsatz, um eine bestimmte mittlere, integrale Reduzierung einhalten zu können, von der Kontaktzeit abhängig, wie es in der oberen Hälfte von Abbildung 36 dargestellt ist. Diese Kurvenverläufe lassen sich aus experimentell [44][45] und theoretisch[44][46][47] ermittelten Durchbruchskurven bestimmen und werden durch die im Langzeitversuch B gewonnenen Ergebnisse bestätigt. Die Kurven mit der Reinigungsleistung als Parameter gehen aus dem Nullpunkt hervor. Mit zunehmender Kontaktzeit wird der Einfluß von τ auf den Verlauf immer geringer.

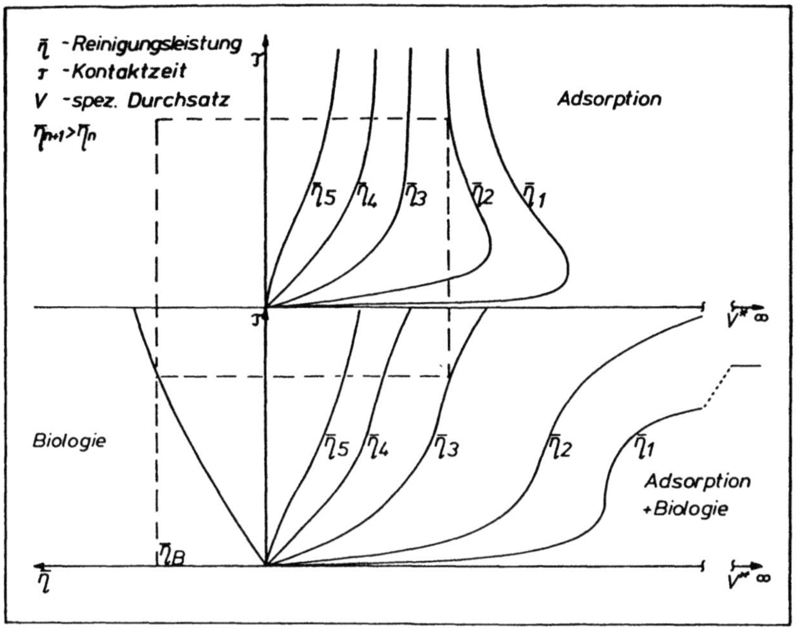

Abb. 36: Einfluß von Adsorption und Biologie auf die Reinigungsleistung

Reine Biologie

Die Reduzierung organischer Substanzen aufgrund biologischer Prozesse (eingeschlossen Filtration) ist in erster Näherung von der Zeit bzw. dem Durchsatz unabhängig. Die Reinigungsleistung wird demnach nur von der Kontaktzeit τ bestimmt und steigt mit dieser aufgrund der Konzentrationsverminderung degressiv an. Dieser Zusammenhang ist im linken unteren Diagramm in Abbildung 36 dargestellt.

Adsorption + Biologie

Bei Vorliegen von biologisch abbaubaren, organischen Substanzen in einem Adsorptiv ist das Überlagern der Adsorption mit biologischen Abbauprozessen wahrscheinlich. Dies bestätigen verschiedene Untersuchungen [26,28,4o,41,42] sowie die Ergebnisse der Langzeitversuche A und B. Die gesamte mittlere, integrale Reinigungsleistung setzt sich dann aus einem adsorptiven und einem biologischen Anteil zusammen. Die einzelnen Anteile von $\bar{\eta}$ sowie der maximal mögliche spezifische Durchsatz lassen sich aus den Diagrammen der Abbildung 36 bestimmen. Für eine bestimmte Kontaktzeit τ kann die biologische Reduzierung $\bar{\eta}_B$ auf der Abszisse abgelesen werden. Der zur Erreichung einer gewünschten Gesamtreinigung $\bar{\eta}_{Ges} = \bar{\eta}_3$ noch nötige adsorptive Anteil $\bar{\eta}_{Ads}$ ergibt sich als Differenz $\bar{\eta}_{ges} - \bar{\eta}_B = \bar{\eta}_{ads} = \bar{\eta}_2$. Für die gewählte Kontaktzeit τ und der berechneten adsorptiven Reduzierung $\bar{\eta}_2$ kann dann der maximal mögliche Durchsatz bzw. der Adsorbensverbrauch auf der Abszisse abgelesen werden. Dieser Wert kann als ein Punkt in ein Diagramm, das den funktionalen Zusammenhang zwischen V^+ und τ mit $\bar{\eta}$ als Parameter für Adsorption + Biologie angibt, eingetragen werden. Dies ist im rechten, unteren Teil der Abbildung 36 dargestellt. Der gesamte Prozess zur Ermittlung dieses Wertes ist durch unterbrochene Linien verdeutlicht. Die Kurvenverläufe in diesem Diagramm entsprechen qualitativ den aus dem Langzeitversuch B gewonnenen Abhängigkeiten (Abb. 35). Die Kurven zeigen, daß der Einfluß der Biologie auf die Reinigungsleistung mit zunehmender Kontaktzeit immer größer wird, bis schließlich die Biologie die gesamte Reduzierung übernimmt.

5. Überschlägige Kostenrechnung

Adsorptive Verfahren zur weitergehenden Abwasserreinigung werden heutzutage ausschließlich mit Aktivkohle betrieben. Deshalb wird für einen eventuellen Einsatz von Braunkohlenkoks die Kostenrelation zu diesem Adsorbens mit entscheidend sein. Für einen Vergleich bietet sich die maximal mögliche Beladung als Grundlage an, wobei zu beachten ist, daß diese im starken Maße vom Rohwasser und der Art der vorgeschalteten Reinigungsverfahren abhängt und somit für jeden Anwendungsfall vorher neu überprüft werden muß. Aus diesem Grunde wurden die spezifischen Reinigungskosten für Koks sowie für Aktivkohle mit und ohne Regenerierung in Abhängigkeit von der CSB-Beladung berechnet und in Abbildung 38 dargestellt.
Für die Rechnung wird dabei von einer Adsorptionsfilteranlage ausgegangen wie sie in Abbildung 36 für ein Verfahren ohne Regenerierung und in Abbildung 37 mit Regenerierung für je eine Filterreihe dargestellt ist.

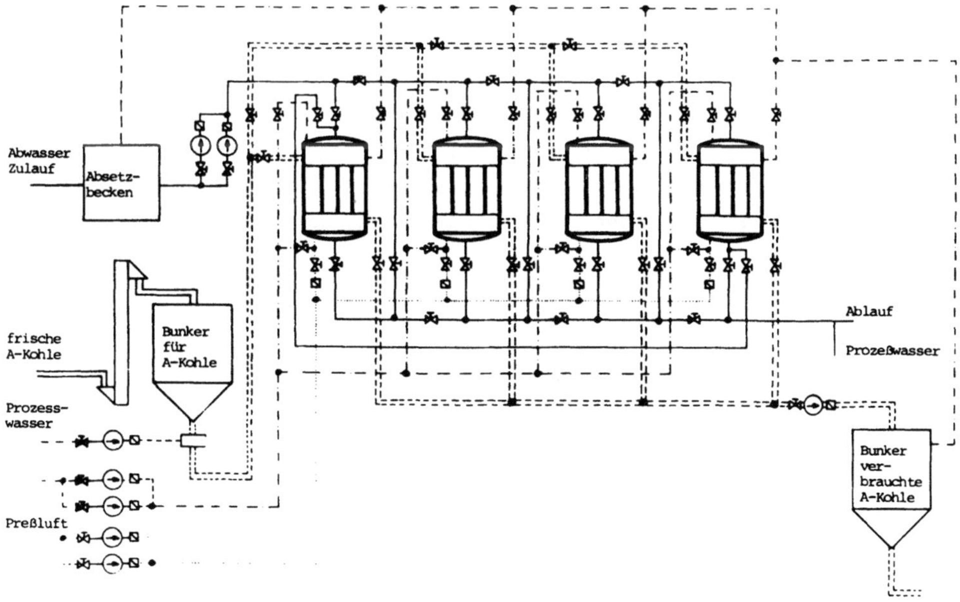

Abb. 36: Schema einer Adsorptionsfilteranlage ohne Regenerierung

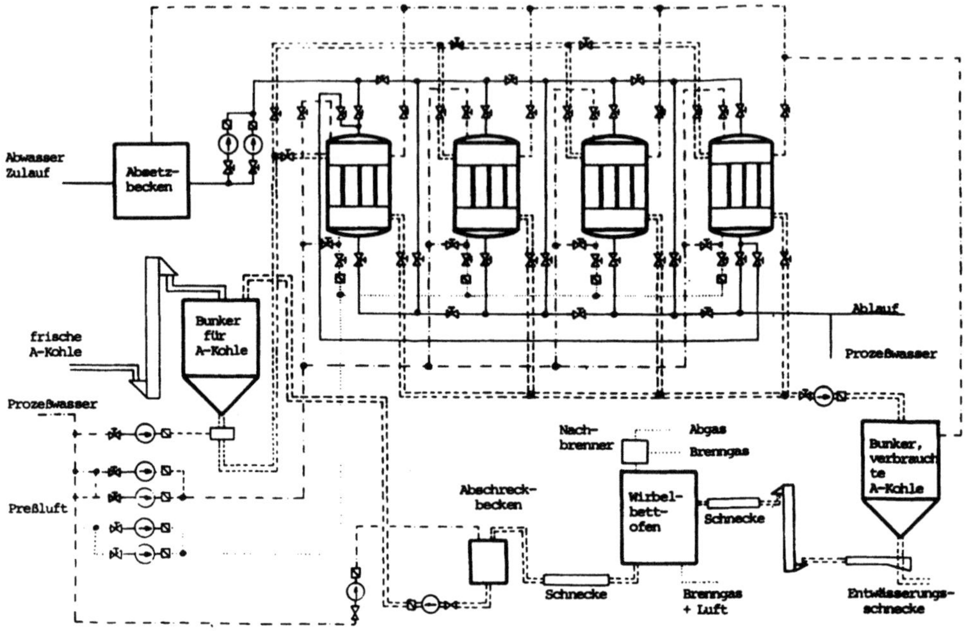

Abb. 37: Schema einer Adsorptionsfilteranlage mit Regenerierung

Die Anzahl der Filterreihen nebeneinander ist abhängig vom Filterdurchmesser, wobei zu beachten ist, daß ein bestimmtes Schütthöhe- zu Durchmesser-Verhältnis nicht unterschritten wird, um eine sichere Rückspülung gewährleisten zu können.

Die Auslegung wird durchgeführt auf der Basis von 95ooo Einwohnergleichwerten. Dies führt bei einem Abwasseranfall von o,2 m^3/E·d, sowie einer Rückspülmenge von 5 % des täglichen Durchsatzes, die dem Zulauf der mechanischen Reinigungsstufe der Kläranlage zugeführt wird, zu einem Durchsatz von 2oooo m^3/d. Diese sowie weitere Auslegungsdaten sind in Tabelle 1o zusammengefaßt.

Die Annahme von zwei pro Reihe in Betrieb befindlichen, hintereinander geschalteten Filtern wird bestätigt durch Berechnungen von Cover und Wood[39], bei denen sich für diese Auslegung bei sonst gleichen Bedingungen ein Kostenminimum ergab. Eine größere Anzahl von Filtern führte zu erhöhten Investitionskosten während der Einsatz von nur einem Filter zu einer schlechten Kohleausnutzung aufgrund der flachen Durchbruchskurve führt.

Tab. 1o: Auslegungsdaten der Adsorptionsfilteranlage für die Kostenrechnung

Einwohnergleichwerte (o,2 m^3/E·d)	- 95ooo
Rückspülwasser	- 5 % des Durchsatzes
Abwassermenge	- 2oooo m^3/d
Filtergeschwindigkeit	- 1o m/h
Kontaktzeit	- 6o min
Anzahl der Filter pro Reihe	- 2
Ersatzfilter pro Reihe	- 2
Gesamtzahl der Filter pro Reihe	- 4
Freiraum zum Rückspülen	- 5o %

Weiterhin wurden folgende Betriebsdaten angenommen:

1. Eingangskonzentration c_o = 65 mg/l CSB
   Dieser Wert ergab sich während des Langzeitversuches B als mittlere Zulaufkonzentration und kann für normal belastete biologische Kläranlagen mit einer Schlammbelastung B_{TS} zwischen o,26 und o,31 kg BSB_5/kg TS · d als repräsentativ angesehen werden.

2. Mittlere integrale Reinigungsleistung $\bar{\eta}$ = 4o % CSB

3. Regenerationsverlust α = 6 % (für Aktivkohle)
   Diese Zahl liegt im unteren Bereich der aus amerikanischen Anlagen bekannten Werte[4].

4. Kapitalkosten: 12 % der Investitionskosten jährlich

Die spezifischen Reinigungskosten für Aktivkohle mit und ohne Regenerierung wurden für einen Aktivkohlepreis von 2ooo und 3ooo DM/t berechnet. Die Kostenermittlung bei Einsatz von Koks wurde einmal unter der Bedingung durchgeführt, daß der Adsorbens nach seiner Beladung deponiert wird. In dem anderen Fall wurde eine Gutschrift für eine mögliche Verbrennung mit einberechnet. Dabei wurden DM 12 je Gcal angesetzt. Dies begründet sich auf den Preis für den billigsten zu substituierenden Energieträger, die Rohbraunkohle. Eine Analyse beladenen Kokses hat als Heizwert H_u = 45oo kcal/kg bei einem Wassergehalt von 33 % ergeben[43].

Die unter diesen Bedingungen berechneten Kurvenverläufe sind in Abbildung 38 dargestellt. Für eine Koksbeladung von 75 mg/g CSB und eine Aktivkohlebeladung von 6oo mg/g CSB ist die Berechnung der Kosten im Anhang A und B näher erläutert. Diese Werte sind für Koks aufgrund der durchgeführten Versuche und für Aktivkohle in Hinblick auf die in der Literatur (s. Kapitel 2) genannten Größen als realistisch einzuschätzen.

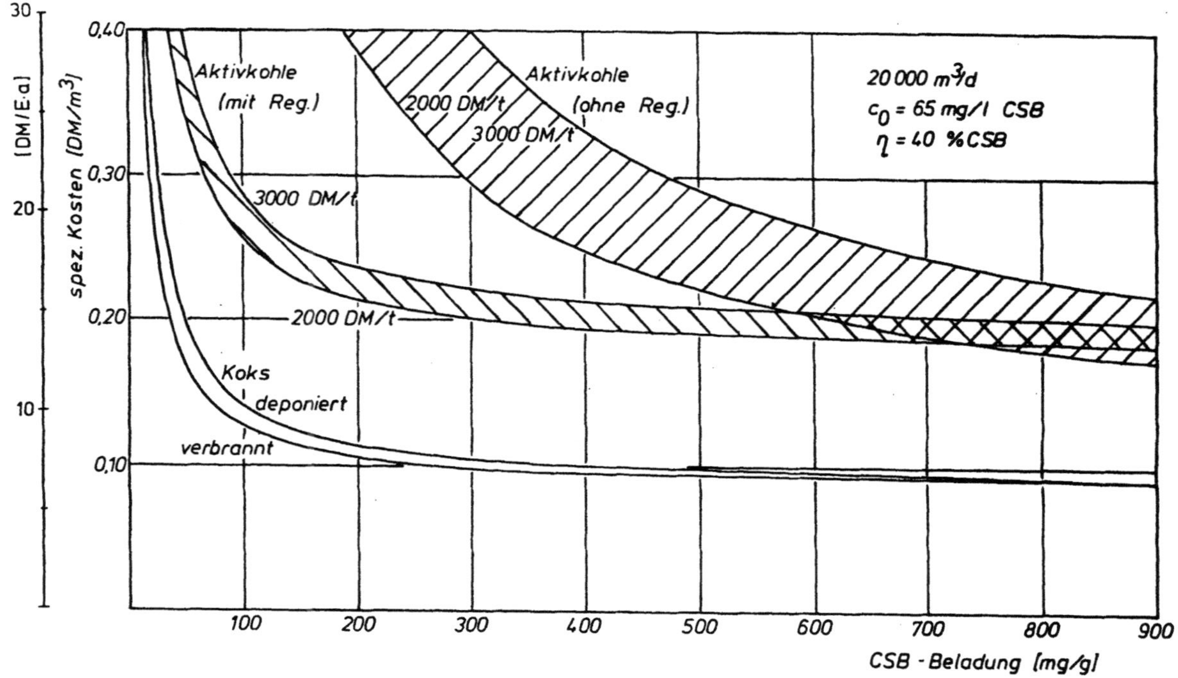

Abb. 38: Reinigungskosten in Abhängigkeit von der CSB-Beladung

Die Kurvenverläufe zeigen, daß selbst bei einer zehnmal größeren Beladung von Aktivkohle gegenüber Braunkohlenkoks der Einsatz von Koks die kostengünstigere Alternative ist. Weiterhin erkennt man, daß eine Koksbeladung von über 150 mg/g zu keiner wesentlichen Kosteneinsparung mehr führt. Dasselbe gilt für Aktivkohle mit Regenerierung bei Beladungen größer als 300 mg/g CSB. Ein Einsatz von Aktivkohle ohne Regeneration ist erst für sehr hohe Beladungen sinnvoll gegenüber dem Gebrauch von regenerierter Aktivkohle.

In Tabelle 11 sind die einzelnen Kostenfaktoren für die adsorptive Reinigung mit Braunkohlenkoks bei anschließender Deponierung sowie für Aktivkohle mit Regenerierung und einem Preis von 2000 DM/t dargestellt. Dabei wurde für den Koks von einer Beladung von 75 mg/g CSB und für Aktivkohle von 600 mg/g CSB ausgegangen. Man sieht, daß die geringen Kosten beim Adsorbensverbrauch von Aktivkohle durch hohe Kosten im Anlagen-, Personal- und Energiebereich aufgewogen werden.

Tab. 11: Anteile der einzelnen Kostenfaktoren an den spezifischen Gesamtkosten

	spez. Kosten Braunkohlenkoks		spez. Kosten Aktivkohle mit Regenerierung	
	DM/m^3	DM/E·a	DM/m^3	DM/E·a
Adsorptionsanlage	o,o59	4,31	o,o59	4,31
Regenerationsanlage	-	-	o,o26	1,9o
Gesamte Anlage	o,o59	4,31	o,o85	6,21
Personal	o,oo3	o,22	o,o33	2,41
Energie	o,oo8	o,58	o,o11	o,8o
Unterhaltung	o,o14	1,o2	o,o2o	1,46
1. Füllung	o,oo3	o,22	o,o29	2,12
Adsorbensverbrauch	o,o72	5,26	o,oo5	o,37
Brenngas	-	-	o,oo6	o,44
spez. Gesamtkosten	o,159	11,61	o,189	13,81

Um den kostenmäßigen Aufwand einer Aktivkohle-Adsorptionsanlage als weitergehende Reinigungsstufe einer kommunalen Kläranlage in der Bundesrepublik Deutschland abschätzen zu können, müssen die entstehenden Reinigungskosten in Relation zur Abgabe nach dem "Gesetz über Abgaben für das Einleiten von Abwasser in Gewässer" (Abw. AG vom 13.9.1976) gesetzt werden. Bei einer Reinigungsleistung von 4o % CSB sowie einer Zulaufkonzentration von 65 mg/l CSB ergäbe sich eine Abgabenersparnis von o,o23 DM/m³

$$0{,}4 \cdot 0{,}065\ (\text{kg CSB/m}^3) \cdot \frac{2{,}2}{100}\ \left(\frac{\text{S.E.}}{\text{kg CSB}}\right) \cdot 40\ \left(\frac{\text{DM}}{\text{SE}}\right) = 0{,}023\ \text{DM/m}^3$$

Obwohl das neue Abwasserabgabegesetz auch in Hinblick auf die Entwicklung und Einführung neuer Technologien konzipiert wurde, gibt es für den Betreiber einer normal belasteten Kläranlage, wie die große Diskrepanz zwischen spezifischen Reinigungskosten und der Abwasserabgabe zeigt, keinen Anstoß zur Installierung weitergehender Abwasserreinigungsanlagen auf adsorptiver Basis.

Jedoch scheint der Einsatz einer Adsorptionsfilteranlage bei solchen Kläranlagen sinnvoll, deren Ablaufqualität nicht den Mindestanforderungen nach § 7a Wasserhaushaltsgesetz sowie der 1. Schmutzwasserverwaltungsvorschrift vom 24.1.1979 genügt. Welche Sicherheit eine Adsorptionsanlage gegenüber Problemen beim Betrieb von Kläranlagen bietet, zeigen die Ergebnisse des Langzeitversuches A. Trotz außergewöhnlich hoher Ablaufwerte am Nachklärbecken, konnten die Konzentrationen am Ausgang der Versuchsanlage im unkritischen Bereich gehalten werden.

6. Literatur

1) **Mohtadi, M.:**
Adsorptive Reinigung von Abwässern - insbesondere aus hüttenmännischen Verfahren - an Braunkohlenkoks.
Diss. 1977, TH-Aachen.

2) Franke, F.H., M. Mohtadi, B. Böhnke:
"Einsatz von Braunkohlen-Herdofenkoks als Adsorptionskoks zur Reinigung kommunaler Abwässer"
Westdeutscher Verlag, Forschungsberichte des Landes Nordrhein-Westfalen Nr. 2687

3) Mohtadi, M., F.H. Franke:
Untersuchungen zur Abwasserreinigung mit Braunkohlenkoks an kommunalen und industriellen Abwässern
Chemie Ing. Tech., Heft 3, (1979)

4) Culp, R.L., G.M. Wiesner, G.L. Culp:
Handbook of Advanced Wastewater Treatment.
2. Ausgabe, Van Nostrand Reinhold Environmental Engineering Series, 1978

5) Krückels, W., R. Weyl, H. Buchholz:
Untersuchung der Adsorption organischer Reststoffe an Aktivkohlen unter den Bedingungen der weitergehenden Abwasserreinigung.
Kommissionsverlag R. Oldenbourg, München 1976.

6) English J.N. et al:
Removal of Organics from Wastewater by Activated Carbon.
Chemical Engineering Progress Symposium Series, No. 1o7, Vol. 67.,147-153,(197o)

7) Boyko, B.J., N.R. Ahlberg:
Application of Powdered and Granular Activated Carbon for Wastewater Treatment in Ontario.
Chemical Engineering Progress Symposium Series, No. 145, Vol. 71, 225-234,(1974)

8) Joyce R.S., J.B. Allen, V.A. Sukenik:
Treatment of Municipal Wastewater by Packed Activated Carbon Beds. Journal W.P.C.F., (May 1966), Vol. 38, No. 5, 813-823

9) Culp, R.L., R.E. Roderik:
The Lake Tahoe Water Reclamation Plant.
Journal W.P.C.F.(Feb. 1966), Vol. 38, No. 2, 147-155

1o) Rizza, J.L., R.E. Schade:
Secondary treatment with granular activated carbon.
Water and Sewage Works, (Aug. 1969), 3o7-312

11) Moss, W.H., S.J. Sebesta:
Comparison of Bench, Pilot and Full Scale Carbon Adsorption/ Filtration.
Chemical Engineering Progress Symposium Series, No. 166, Vol. 73, (1976), 78-9o

12) Hopkins, C.B., W.J. Weber, R. Bloom:
Granular Carbon Treatment of Raw Sewage.
Water Pollution Control Research Series, (May 197o)

13) Weber, W.J., C.B. Hopkins, R. Bloom:
Expanded-Bed Adsorption for Treatment of Sewage Effluents.
Chemical Engineering Progress Symposium Series, No. 1o7, Vol.67, (197o), 541-553

14) Suhr, L.G., G.L. Culp:
State of the Art - Activated Carbon Treatment of Wastewater.
Water and Sewage Works, (1974), R 1o4-R 112

15) Slechta, A.F., G.L. Culp:
Water Reclamation Studies at the South Tahoe Public Utility District.
Journal W.P.C.F., (Mai 1967), Vol. 39,No. 5, 787-814

16) Culp, R.L.:
South Tahoe Still a Model.
Water and Wastes Engineering, (Nov. 1972), 64-66

17) Advanced Wastewaterr Treatment as Practiced at South Tahoe by STPUD for Water Quality Office.
Environmental Protection Agency, Project 17o1o ELQ (WRPD 52-o1-67), (Aug. 1971)

18) Stander, G.J., L.R.J. van Vuuren:
The Reclamation of Potable Water from Wastewater.
Journal W.P.C.F., (März 1969), Vol. 41, No. 3, 355-367

19) Stander, G.J., J.W. Funke:
Direct Cycle Water Reuse Provides Drinking Water Supply in South Africa.
Water and Wastes Engineering, (May 1969), 66-67

2o) Phillips, J.D., G.L. Shell:
Pilot Plant Studies of Effluent Reclamation.
Water and Wastes Engineering (Nov. 1969), 38-41

21) Wesner, G.M., R.L. Culp:
Wastewater Reclamation and Seawater Desalination.
Journal W.P.C.F., (Oct. 1972), Vol. 44, No 1o, 1932-1939

22) Wesner, G.M.:
Reuse is on Top.
Water and Wastes Engineering, (Nov. 1972), 46-47

23) Weber, W., C.B. Hopkins, R. Bloom:
Physiochemical Treatment of Wastewater.
Journal W.P.C.F., (Jan. 197o), Vol. 42, No. 1, 83-99

24) Zuckerman, M.M., A.H. Molof:
High Quality Reuse Water by Chemical-Physical Wastewater Treatment.
Journal. W.P.C.F., (März 197o), Vol. 42, No. 3, 437-456

25) Biskop, D.F. et al:
Session on the Blue Plains Advanced Waste Treatment Pilot Plant.
AICHE Meeting, Houston, (März 1971)

26) Roberts, P., W. Gujer, J. Eugster:
Reinigung von kommunalem Abwasser mittels Aktivkohle nach schwach belasteter biologischer Reinigung und Filtration.
Jahrbuch "Vom Wasser", (1977), Band 48, 47-7o

27) Parkhurst, J.D. et al:
Pomona Activated Carbon Pilot Plant.
Journal W.P.C.F., (Oct. 1967), Vol. 39, No. 1o, o-R 81

28) Wesner, G.M., D.G. Argo:
Pilot Wastewater Reclamation Study May 197o-June 1971.
Orange County Water District, July 1973

29) Los Angeles Water Recycling Project.
Los Angeles Department of Water and Power, Sept. 1972

3o) Process Design Manual for Carbon Adsorption.
Environmental Protection Agency, Office of Technology Transfer, Oct. 1973

31) Mc Donnell G.M.:
Water Reuse Through Advanced Wastewater Treatment.
Water and Sewage Works, Reference Number, 1973, R 6o-R 64

32) Van Vuuren, L.R.J. et al:
The Full-Seale Reclamation of Purified Sewage Effluent for the Augmentation of the Domestic Supplies of the City of Windhoek.
Paper Presented at the 5th International Water Pollution.
Research Conference, July-Aug. 197o

33) Imhoff, K., K.R. Imhoff:
Taschenbuch der Stadtentwässerung
23. Auflage, R. Oldenbourg Verlag München Wien, 1972.
Seite 84 ff.

34) Bunck, R.L. et al:
Organic Materials in Secondary Effluents.
Journal W.P.C.F., (Feb. 1961), Vol. 33, No. 2, 122-126

35) Manka, J., M. Rubhun, A. Mandlebaum, A. Bortinger:
Characterization of Organics in Secondary Effluents.
Environmental Science and Technology, (Nov. 1974), 1o17

36) Helfgot, T. et al:
Analytic and Process Classification of Effluents.
Proc. ASCE, SA 3, (Juni 197o), 779-8o3

37) Fritz, W.:
Konkurrierende Adsorption von zwei organischen Wasserinhaltsstoffen an Aktivkohlekörnern.
Diss. 1978, UNI Karlsruhe

38) Guirguis, W. et al:
Improved Performance of Activated Carbon by Pre-ozonation
Journal W.P.C.F., (Feb.1978), Vol. 5o, No.1, 3o8-32o

39) Cover, A.E., C.D. Wood:
Economic Effect of Design Variables: Tertiary Wastewater Treatment with Granular Activated Carbon.
Chemical Engineering Progress Symposium Series, No. 1o7, Vol. 67, 135-146

4o) Andrews, G.F., Chi Tien:
The Interreaction of Bacterial Growth, Adsorption and Filtration in Carbon Columns Treating Liquid Waste
Chemical Engineering Progress Symposium Series, No. 152, Vol. 71, 164-175

41) Peel R., A. Benedek:
The Modelling of Activated Carbon Adsorbers in the Presence of Bio-oxidation
Chemical Engineering Progress Symposium Series, No. 166, Vol. 73, 25-35

42) Eberhardt, M., S. Madsen, H. Sontheimer:
Untersuchungen zur Verwendung biologisch arbeitender Aktivkohlefilter bei der Trinkwasseraufbereitung
Veröffentlichung des Bereichs und des Lehrstuhls für Wasserchemie, Universität Karlsruhe, Heft 7

43) Böhnke, B., W.Dahl, F.H.Franke, M. Mohtadi:
Einsatz von Braunkohlenkoksen zur Reinigung von Abwässern aus der mittelständischen Industrie.
Abschlußbericht des AIF-Forschungsvorhabens Nr. 35o9 (1978)

44) Spahn, H., V. Brauch, E.K. Schlünder, H. Sontheimer:
Auslegung von Aktivkohlefiltern zur Wasserreinigung
Teil I: Verfahrenstechnik 8 (1974) Nr. 8
Teil II: Verfahrenstechnik 9 (1975) Nr. 1

45) Mohtadi, M.:
Persönliche Mitteilungen

46) Hiester, N.K., Th.Vermeulen:
Saturation Performance of Ion-Exchange and Adsorption Columns
Chemical Engineering Progress, Vol. 48, No. 1o, 5o5-516

47) Neretnieks, I.:
Adsorption of Components Having a Saturation Isotherm
Chemie Ingenieur Technik, (1974), Nr. 18, 781

48) Rickert D.A., J.V. Hunter:
General Nature of Soluble and Particulate Organics in Sewage and Secondary Effluent
Water Research, (1971), Vol 5, 421-436

7. Anlagen

Anhang A

Überschlägige Kostenrechnung für eine Adsorptionsfilteranlage mit Braunkohlenkoks

Investitionskosten

1	Adsorber (Filtervolumen x 6oo DM/m^3)	1.5o1.2oo,--
2.	Bunker für frischen und verbrauchten Koks, Volumen ≙ 1 Filterfüllung (Volumen x 3oo DM/m^3)	125.1oo,--
3.	Pumpen	3oo.ooo,--
4.	Rohrleitungen, Ventile, Flansche	21o.ooo,--
5.	Fundamente	22o.ooo,--
6.	2 Gebläse	53.ooo,--
7.	Becherwerk	12.ooo,--
8.	Becken zur Rückspülung, 5 % des täglichen Durchsatzes (1ooo m^3 x 25o DM/m^3)	25o.ooo,--
9.	Entstaubung	66.ooo,--
1o.	Eduktur	11.ooo,--
11.	Grundstück (1ooo m^2 x 5o DM/m^2)	5o.ooo,--
12.	Elektrische Anlagen (1o % von 1-11)	279.8oo,--
13.	Unvorhergesehenes (1o % von 1-12)	3o7.8oo,--
Summe Investitionskosten		3.385.9oo,--

<u>Jahreskosten</u>

1.	Kapitalkosten (12 % der Investitionskosten jährlich)	4o6.3oo,--
2.	Personal (1/2 Mann á 38.ooo,--)	19.ooo,--
3.	Energie (o,46 W/E; o,14 DM/kWh)	56.4oo,--
4.	Unterhaltung (2o % der Maschinenteile) (o,2 x o,145 x Invest.)	98.2oo,--
5.	Adsorbens (Braunkohlenkoks)	
	a) 1. Füllung (ρ = o,5 g/cm^3; Kapitalkosten 12 % jährlich; o,12 x m x 2oo DM/t)	2o.ooo,--
	b) Adsorbensverbrauch $K = C_o \cdot \eta \cdot \frac{1}{b} \cdot V \cdot P_{Koks}$	5o6.1oo,--
	Summe der Jahreskosten	1.1o6.ooo,--

spezifische Kosten: o,159 DM/m^3

(11,6 DM/E·a)

Anhang B

Überschlägige Kostenrechnung für eine Adsorptionsfilteranlage mit Aktivkohle mit Regenerierung

	Investitionskosten	
1.	Wirbelschichtofen (o,9 t/d)	1.000.000,--
2.	Pumpen, Ventile, Rohrleitungen	50.000,--
3.	Fundament	60.000,--
4.	Entwässerungsschnecke	28.000,--
5.	2 x Becherwerk	22.000,--
6.	Abschreckbecken (5 m^3)	11.000,--
7.	Silo für frische Aktivkohle (5o m^3)	33.000,--
8.	Grundstück (5oo m^2 x 5o DM/m^2)	25.000,--
9.	2 x Schnecken	14.000,--
1o.	Elektrische Anlagen (1o % von 1-9)	124.300,--
11.	Unvorhergesehenes (1o % von 1-1o)	136.700,--
12.	Adsorptionsanlage (s. Anhang A)	3.385.900,--
Summe der Investitionskosten		4.889.900,--

Jahreskosten

1.	Kapitalkosten (12 % der Investitionskosten jährlich)	586.8oo,--
2.	Personal (6 Mann á 38.ooo DM/a)	228.ooo,--
3.	Energie (o,6 W/E, o,14 DM/kWh)	73.6oo,--
4.	Unterhaltung (2o % der Maschinenteile - o,145 x o,2 x Invest)	141.8oo,--
5.	Adsorbens (Aktivkohle	
	a) 1. Füllung (843 t á 2ooo DM/t 12 % Kapitalkosten)	2oo.2oo,--
	b) Aktivkohle-Verluste (α = 6 %)	37.9oo,--
6.	Gasverbrauch (5oo $m^3/t_{AK.}$; o,25 DM/m^3)	39.5oo,--
Summe der Jahreskosten		1.3o7.8oo,--

spezifische Kosten: o,189 DM/m^3
(13,8 DM/E·a)

Formelzeichen und Abkürzungen

CSB	-	Chemischer Sauerstoffbedarf
TOC	-	Totaler organischer Kohlenstoff
BSB_5	-	Biochemischer Sauerstoff innerhalb von 5 Tagen

---

b	-	Beladung	(mg/g)
c	-	Konzentration	(mg/l)
K	-	Kosten	(DM)
k	-	spezifische Kosten	(DM/m^3)
L	-	spez. Adsorbensverbrauch	(kg/m^3)
m	-	Masse	(kg)
P	-	Preis	(DM/t)
P_G	-	Gaspreis	(DM/m^3)
V	-	Durchsatz	(m^3)
$\dot{V}$	-	(differentieller) Durchsatz	(m^3/h, l/h)
V^+	-	spezifischer Durchsatz	(m^3/kg)
α	-	Regenerationsverlust	(%)
η	-	Reinigungsleistung, Reduzierung	(%)
$\bar{\eta}$	-	mittlere, integrale Reinigungsleistung	(%)
τ	-	Kontaktzeit	(min)

Indices

o	-	Eingang
α	-	Eingang
ω	-	Ausgang
n	-	Summe von Indices
i	-	laufender Indice

FORSCHUNGSBERICHTE
des Landes Nordrhein-Westfalen

Herausgegeben
vom Minister für Wissenschaft und Forschung

Die „Forschungsberichte des Landes Nordrhein-Westfalen" sind in zwölf Fachgruppen gegliedert:

Geisteswissenschaften
Wirtschafts- und Sozialwissenschaften
Mathematik / Informatik
Physik / Chemie / Biologie
Medizin
Umwelt / Verkehr
Bau / Steine / Erden
Bergbau / Energie
Elektrotechnik / Optik
Maschinenbau / Verfahrenstechnik
Hüttenwesen / Werkstoffkunde
Textilforschung

WESTDEUTSCHER VERLAG
5090 Leverkusen 3 · Postfach 300620

GPSR Compliance

The European Union's (EU) General Product Safety Regulation (GPSR) is a set of rules that requires consumer products to be safe and our obligations to ensure this.

If you have any concerns about our products, you can contact us on ProductSafety@springernature.com

In case Publisher is established outside the EU, the EU authorized representative is:

Springer Nature Customer Service Center GmbH
Europaplatz 3
69115 Heidelberg, Germany

Batch number: 10584556

Printed by Printforce, the Netherlands